肉桂捲
技法全圖解

推薦序

一起深究「肉桂捲」的
創意口味與作法吧！

風靡全球的肉桂捲近年席捲台灣，擄獲了台灣人的芳心！ 各大特色品牌店家紛紛推出自家絕活，列入評比，甚至還有店家推出一次能吃到 8 種特色店家出色的肉桂捲禮盒！想必肉桂捲的熱度居高不下，藉此，由世界甜點冠軍彭浩教學主廚分享做出多元口感，也多重口味的美味肉桂捲。

彭浩為 IBA 世界甜點賽冠軍，也任職開平餐飲學校十年有餘，開平鼓勵教師增能，與時俱進，彭浩也因自身願意不斷學習，挑戰自我，同時也培育不少精英、選手。十多年的教學經驗中，當然也熟悉學習過程中容易失誤的地方，也有練習的訣竅。 開平的教育將「工法」變成「功法」，將技術技巧傳授，而不是只教食譜及操作步驟。如何掌握工法的原則，增進技法的知識才是關鍵，再帶領學生學習看食譜，學會應用，讓每個學員都清楚理解每個工法步驟背後的「為什麼」，將習得的「工法」轉化成自己的「功法」。

繼開平烘焙教學師傅群的書籍分享「做甜點不失敗的 10 堂關鍵必修課」、「金牌團隊不藏私的世界麵包」、「料理不失敗 10 堂關鍵必修課」， 從基礎到進階技法的分享，此書更是在洞悉市場後以肉桂捲為主題的方式教學，不僅可以習得「工法」亦增進創意，從書中的種類與口味再去延伸，激發創意，又或者可將製作出來的產品直接販售，成為台灣肉桂捲紅牌之一。

相信在擁有豐富的教學經驗及身為 IBA 甜點世界冠軍的教學下，此書可快速讓你掌握產品精髓，一起去深入研究主題產品「肉桂捲」及多種口味與作法，讓世界冠軍教你如何將「工法」成為你的「功法」！

開平餐飲學校 校務主委 夏豪均博士

作者序

肉桂捲，風靡全球的麵包！

肉桂捲始終是學習麵包製作的過程中繞不開的選項。

首先說說我與麵包的淵源。在學習烘焙的一開始，最早接觸的就是麵包製作，當時的我對於各種樣式的麵包製程，充滿著濃厚的興趣，也曾經花了很多時間，除了不斷的去閱讀如何製作麵包這類的書，再加上持續的實作練習後，才掌握了麵包製作的基礎工法。

後來隨著練習麵包實作的時間推進，才更認識到原來每一款特色麵包都有它獨到的技法與製作流程，並不是使用單一方法就可以做好所有品項的麵包。

接著我就遇到了製作肉桂捲這項課題，剛開始學習製作時，也經歷過一番挫折與製作失敗，比如說，肉桂餡爆餡、烤焙後麵包中間隆起變高，或者麵包中心凹陷沒熟透，還有肉桂口味太重，搭配的糖霜太甜膩等等的失敗問題。

後來經歷了多次的調整肉桂捲麵團比例，餡料口味搭配及修正製作流程，才終於做出符合自己心目中完美標準的肉桂捲麵包。

所以，在這本書裡，詳細的記錄了經典肉桂捲以及特色肉桂捲製作的技法，將成功的關鍵，與會失敗的原因如實的呈現出來，從基礎的麵糰攪拌及製作過程到創意的肉桂捲口味搭配及外觀製作，書中鉅細靡遺的全圖解製程，讓讀者們可以充分掌握學習到肉桂捲製作的奧秘。

最後，在這裡我要特別感謝開平青年發展基金會夏豪均主委，合作促成肉桂捲技法全圖解的出版。也希望各位讀者們能藉由閱讀這本書，做出符合自己心目中完美標準的肉桂捲，讓手作肉桂捲的能量，能傳遞出滿滿的幸福感。

Contents

PART1
第一次做就好吃！肉桂捲的基礎知識

PART2
初學者必學！經典肉桂捲麵包

PART3
一吃就愛上！美式經典肉桂捲麵團運用與口味變化

PART4
一吃就上癮！布里歐肉桂捲麵團運用與口味變化

PART5
一層又一層！千層肉桂捲麵團運用與口味變化

9. 製作完成的肉桂餡需要冷藏嗎？
10. 肉桂捲捲起時的圈數以多少圈為宜？
11. 肉桂捲整型後進行分切時，要如何切得更平整？
12. 購買白乳酪奶油霜的乳酪，該怎麼選擇？
13. 製作檸檬糖霜的檸檬汁要選用哪一種較為合適？
14. 肉桂捲的模具該怎麼選擇？
15. 家中若無專業烤箱，麵團烘焙時的溫度該如何調整？
16. 肉桂捲出爐後為什麼會凹凸不平？

獨一無二！從瑞典走向世界的美味旅程

瑞典人每一天的生活，可說與肉桂捲密不可分。
普及程度以及對於肉桂捲的重視，
就像在台灣的肉鬆麵包、蔥麵包、紅豆麵包的存在般，
不但處處可見，容易購得，
它還有專屬自己的節日，也就是每年的 10 月 4 日「肉桂捲日」！

而這幾年，這款瑞典的庶民美食肉桂捲可說是席捲全台，
對我來說，真的非常有感，
原因是只要開肉桂捲的課程，一定是秒殺！
但這款麵包在北歐的許多國家，
其實是很常見的，
雖然它會因為地域不同，在添加的香料或造型上有所差別，
但大致上，不論是製作工序或配方，其實差異並不大。

這款走向全世界的獨特美味，
即便已經在不同國家開枝散葉，
但專屬瑞典風味的肉桂捲，仍保持著自己的特色，
會在麵團裡揉進荳蔻，會在表面撒上珍珠糖，
會獨自擁有著屬於那個國度的馥郁香氣，還有甜蜜滋味。

台灣在這股風潮中並沒有缺席，
現在，不僅在麵包店、在連鎖速食、在咖啡店都可以看到它的身影，
甚至在百貨公司裡時不時的一日快閃，
也成了各種口味、不同造型的肉桂捲伸展台！

如果，你也剛好喜歡具有特殊香氣、口感濃郁、具有黏性的麵包，
那麼歡迎你，來跟我們一起體驗，
這一款專屬大人味的肉桂捲特殊魅力吧！

為什麼肉桂捲是麵包新手的入門款？

我想，作法簡單、容易上手，失敗率低是適合新手最推薦的原因之一，
其次，做肉桂捲需要用到的技法也非常基礎，
再加上製作肉桂捲時會使用到的材料很尋常、容易取得，
這些因素加總起來，
也就成了麵包新手容易入門的品項之一！

做麵包，在我看來，是用來修練耐性最好的方式之一！
正因為，它並不是能快速製成的，
而且在製作過程中，除了要掌握好各個基本功，
包括從備料、攪拌、發酵、分割、整形，直到烘烤出爐，
都有需要注意的大小事，
更重要的是，
要慢慢練習學會等待，
急不得，而且就算急也沒用。

同樣做麵包，但相對於其他種類，
我覺得肉桂捲更適合第一次想做麵包的人來嘗試！
因為，它所使用的材料，非常簡單，
麵團主要材料，無非就是高筋麵粉、鹽、細砂糖、乾酵母、蛋、牛奶跟奶油
餡料就更簡單了，
基本上只要肉桂粉、黑糖粉、奶油就能搞定，
也因此，不必一次就得買一大堆的烘焙食材。

其次，在製作工序上，
只要熟記基本流程，
包括正確攪拌，掌握好基礎發酵、中間發酵、最後發酵，
以及整型、切割，最後的烘焙溫度與時間，
那麼，就算是第一次做的人，只要掌握好這些基本操作的觀念，
在家就能做出跟外面販賣的一樣好看，
甚至更味美實在的肉桂捲。

要不，
捲起袖子，一起試試？

PART 01

第一次做就好吃！肉桂捲的基礎知識

做出好吃肉桂捲
必備的基本工具

桌上型攪拌機｜雖然有些人會以手來揉麵包，但想要製作出來的麵包擁有一定的口感，建議還是使用攪拌機會比較省時省力。一般攪拌機可分成家用與商用兩種。3 公斤以下為家用，市面上常見的 KitchenAid 或 KENWOOD，就是屬於家用攪拌機。本書為了模擬在家製作的情境，所以使用的就是家用攪拌機。建議選購時以扭力較強的為佳，以免打很久筋性還是不夠，會導致麵團過熱。

電子秤｜現在單位以公克居多，但要製作麵包的話，建議備有可以測到 0.1 公克的微量秤（測量糖、鹽、酵母等少量材料），以及能夠測到 5kg 的大規格秤。

溫度計／計時器｜製作麵包時，溫度和時間的管控相當重要。建議準備一支探針溫度計，以及電子計時器，用來探測麵團中心溫度，並測量時間。除此之外，也可以準備一個發酵專用的溫濕度計。

烤箱｜一樣分家用跟商用。商用烤箱又可分成一層式、兩層式、三層式，再依爐的不同分成石板爐、紅外線、二合一站爐等。本書中使用的是二合一的紅外線石板烤箱，保溫性好而且上色均勻，但一般家庭也可以使用家用烤箱，只要具備調整上下火的功能，大小至少比微波爐大即可，只是一次製作的量比較少，需要視烤箱大小，調整配方的比例。

不鏽鋼盆｜需要準備大、中、小不同尺寸的鋼盆。市售鋼盆有分好壞，建議購買有拋光、去黑油的產品。如果買到沒有先做好去黑油處理的鋼盆，必須先泡醋洗淨。

擀麵棍｜主要是用來擀開麵皮時使用。選擇用起來順手的產品即可，擀麵棍不適合碰水，使用完必須掛起來、乾燥保存。

篩網｜用來過篩的工具。通常以目來區分孔洞粗細，有 12 目、24 目等，數字越大表示孔越細，製作麵包通常使用 24 目的篩網。

蛋刷｜在麵團上刷蛋液，可增添麵包的色澤，而利用蛋刷就能輕鬆在麵包表面刷上蛋液。烘焙的毛刷，通常是用來刷蛋液，有時也用來幫烤模或麵團刷油，只要準備一支小毛刷，就能在操作上更加順暢。

切麵刀、刮板｜用來切割麵團的必備工具。市面上有很多種類，選擇用順手的即可。

製作肉桂捲的基本材料

麵粉｜麵粉是由小麥所製成，主要的原料是蛋白質、澱粉、少許礦物質，是製作麵包不可缺少的重要材料。麵粉中的蛋白質含量，決定麵包體積的大小與麵團吸水性，蛋白質高的麵粉麵筋擴展良好、彈性佳，因此最適合用來製作麵包。而麵粉依分類主要可以分為高筋麵粉、中筋麵粉、低筋麵粉，不過現在也研發出越來越多麵包專用粉，比如法國麵包專用粉、預拌粉，還有全麥麵粉等。

本書所使用的麵粉，主要是以高筋麵粉以及低筋麵粉為主。麵粉中的小麥蛋白質（麥穀蛋白和醇溶蛋白），是形成筋性的主要成分，含量越高，膨脹力越好。台灣多以蛋白質的含量來區分麵粉的種類，高筋（11.5%～13.5%）、低筋（6.5%～8.5%），在國外則多以「灰分（Ash）」來標示。

麵粉挑選重點｜挑選麵粉時有 2 個重點要注意，要「看」跟「聞」。

- **看｜**購買麵粉時，要仔細看包裝上的生產日期、原料，要挑沒有加「漂白劑(過氧化苯甲醯)」的麵粉，通常沒有加漂白劑的產品，包裝上都會特別標示。所以在購買散裝的麵粉時要特別注意，因為看不出來包裝袋，所以必須直接詢問。
- **聞｜**打開麵粉時聞看看，若是聞到受潮的發霉味，就表示麵粉已經過期，千萬不要使用。

酵母｜酵母最主要的作用，就是透過發酵，將糖轉化成二氧化碳，達到膨脹的效果，藉此烤出蓬鬆柔軟的麵包。酵母本身是一種植物、藻類，通常分為高糖酵母和低糖酵母，高糖低糖指的不是甜度，而是耐糖性。製作甜麵包等含糖量高的麵包，就要使用高糖酵母粉，酵母才能在糖度高的環境中生存。

乾燥酵母粉的優點，則是可以縮短攪拌時間，發酵的程度較穩定，且可以存放 1～2 年。基本上兩種酵母的味道沒有差別，依照自己的需求選擇即可。不過要注意鹽的高滲透壓會抑制酵母的活性，所以備料秤重時不要將鹽和酵母放在一起，以免影響發酵的品質。

肉桂粉｜製作肉桂捲不可或缺的當然非肉桂粉莫屬。一般使用的肉桂粉分為中國肉桂（玉桂），以及錫蘭的肉桂。由於色澤跟風味都不同，可自行選擇喜愛的口味。
中國肉桂的外觀顏色偏深紅棕色，有微辣感，風味較為強烈。而錫蘭肉桂的外觀顏為淺褐色，帶有花香氣息，風味較為細緻悠長。

鹽｜製作麵包時加入少量的鹽，可以讓酵母發酵穩定，還有提味、增強麵筋的作用。但若麵團裡的鹽多於 2%以上，就會降低酵母發酵力因此最適宜的添加量建議為 1～2。鹽是製作麵包的關鍵材料之一。本書中若沒有特別標示，使用一般家中常見的精鹽即可。但也可以依照風味挑選岩鹽、玫瑰鹽、海鹽、鹽之花等不同的種類。
而鹽除了增添風味、讓麵包更好吃外，還能抑制酵母活性，減緩發酵的速度，避免酵母在第一階段的基本發酵就將活力用完，之後中間發酵、最後發酵時反而無力、發不起來。除此之外，鹽也有隔絕雜菌跟增加氣保持力的作用，可以避免空氣中不好的微生物、壞菌進入麵包中，並強化麵團的組織、增加氣體保持力，讓發酵時產生的二氧化碳不會衝出麵團表面。

糖｜糖會加速酵母發酵，因此適時加入一些糖可以活化酵母，但如果放入過多的糖，則會抑制酵母發酵，麵團的發酵時間就需要拉長。一般都用細砂糖來製作麵包，因為礦物質較高麵團攪拌起來會比較香。透過糖的高溫焦化與蛋白質產生梅納反應，可以讓麵包表皮呈現漂亮的色澤，提升香氣和風味，並同時增添甜味、提高營養價值。在麵團中加入糖後，也有助於延緩麵團老化，並提供養分給酵母，促進酵母的活性。
另外，製作肉桂捲的內餡，則是用了大量的黑糖，它是由蔗糖精煉掉沈澱後的雜質，再經過濃縮乾燥而成，礦物質的含量豐富，口感上不會過於甜膩。

水｜在製作麵包的過程中，水扮演著讓酵母發揮作用、麵團產生筋性的重要角色。由於酵母僅能生長在 PH3.0～7.5 的弱酸性環境中，所以使用的水不能太硬（太鹼）或太軟（太酸），以 PH4.5～5.0、40～120ppm 的硬水為佳。但也不需要想得太複雜，使用一般的地下水或礦泉水就可以了，水中豐富的礦物質鎂，有助於強化筋性。但不建議使用軟水，或是已經完全去除雜質的純淨水（Pure）、過濾水，做好的麵包容易沒有筋性、塌塌的。

油脂｜本書中使用的，大多是動物性的無鹽奶油。油脂具有提升營養價值、延緩麵包老化、避免水分蒸發的作用。有了油脂的輔助，烤出來的麵包外層表皮才會薄而柔軟、內部氣泡均勻細緻有光澤，而且比較不容易乾掉、變硬。在製作過程中，油脂也能擔任麵團的潤滑劑，增加延展性，讓麵包可以順利膨脹、變大。此外，油脂用量也會大幅影響麵包特性和風味。

雞蛋｜在製作麵包的過程中，加入適量的雞蛋，有助於增添香氣、讓麵包內部呈現淡黃色光澤，其中的卵磷脂還有延緩麵包老化的作用。烤焙前在麵團表面刷上蛋液，烤出來後表面顏色較深沉、散發油亮感。

核桃、葡萄乾｜為了增加風味與口感，製作肉桂捲時很常加入的輔助材料，例如核桃、葡萄乾讓麵包擁有更多口味與變化。尤其核桃中含有大量的 Omega-3 以及良好的蛋白質及豐富的纖維，還有豐富的維生素 B 及維生素 E，購買時以外皮色澤明亮、飽滿、緊實且大小一致為佳。

一起來瞭解！做肉桂捲的基本流程

基本流程

1 麵團攪拌

用低速攪拌成團

低速 3 分鐘，中速 6 分鐘

勾型攪拌棒裝入攪拌器中，開始以低速攪拌約3分鐘。攪拌到粉狀感消失，再改成中速攪拌，時間大約為6分鐘。

POINT

等麵團表面從粗糙逐漸變得光滑柔軟，原本沾黏的攪拌盆周圍也變得乾淨光亮，取一小塊麵團出來，如果可以拉出具有延展性、洞口平滑、幾乎沒有鋸齒狀的透光薄膜，就表示麵團已經完成。

麵團因為產生了筋性，看起來帶有彈性和光澤感。

2 基本發酵

麵團滾圓基本發酵

基本發酵 30 分鐘

溫度 30℃，濕度 70%

將攪拌好的麵團放到工作檯上，略微整型。將麵團滾圓到表面光滑，即可移入塑膠袋中，放置在溫度 30℃、濕度 70%的環境下做基本發酵 30 分鐘。

POINT

麵團整型時，可從兩側向上抓起後往前折、收入底部，再從上下兩側抓起翻面後往前折，順勢收入底部，再將麵團滾圓直到表面光滑即可。

放入塑膠袋中，要先做基本發酵 30 分鐘。

掌握變好吃的關鍵流程

製作麵包前的第一步，是先準備好所有需要的材料，並精準計量。
包括麵粉、水、酵母或鹽等，先依據食譜標示，備好相對應的用量，
就能減少過程中因慌亂而導致失敗。
然後取出所有會用到的工具，檢查是否乾淨，並確認烤箱、發酵箱等器材，
是否開啟到預定的溫度、濕度。
最後，確認一下製作麵團時的環境（溫度、濕度），
將自己的雙手清潔完畢後，就可以開始進行。

3 整型鬆弛

麵團要冷藏鬆弛

冰箱冷藏 1-2 小時

將基本發酵好的麵團取出,倒扣到撒了手粉的工作上。再撒些手粉，用擀麵棍從麵團中間往上下擀壓，排出空氣。

POINT

將麵團再擀壓一次，接著放入塑膠袋中，移至冰箱冷藏鬆弛，時間大約 60-120 分鐘，待軟硬度適中再操作。

經過冷藏鬆弛的麵團更好操作。

4 再次整型填餡

取出麵團再次整型

裹入內餡

完成中間發酵的麵團，擀成長方形，並將肉桂粉、細砂糖、黑糖、奶油混合成內餡均勻抹上，再捲成肉桂捲。

POINT

在捲的過程當中，要避免過於鬆散，但也不能捲得太緊實，以免在烘烤的過程中發生爆餡的情況。

捲到最後，在桌面反覆滾動。

5 分割發酵烘烤

分割麵團最後發酵烘烤

切割成適當大小、發酵後烘烤

將麵團切成每個寬度為3公分的小麵團，排入事先準備好的烤盤，進行最後發酵，時間大約60分鐘，即可進行烘烤。

POINT

最後發酵完成的麵團，放入已經預熱好的烤箱中進行烘焙，時間上大約是25-30分鐘。

最後在烤好的肉桂捲上做裝飾。

製作肉桂捲的關鍵工序說明

準備工作

開始動手製作麵包之前的第一步，是先準備好所有需要的材料，包括乾性與濕性，前者是指粉類、鹽、糖，後者則包括水、鮮奶、雞蛋、奶油等等，並精準計量。要依據不同食譜，備好相對應的用量，就能減少過程中慌亂導致的失敗。接著取出所有會用到的工具，檢查是否乾淨，並確認烤箱、發酵箱等器材，是否開啟到預定的溫度、濕度。最後，確認一下製作前的準備工作無誤，就可將自己的雙手清潔完畢後，就可以開始進行。

進行攪拌

一般來說，甜麵團攪拌過程大約是 10-15 分鐘，最後攪拌完成時中心溫度約落在 26-30 度。攪拌的過程看似容易，卻是相當重要的步驟。如果一開始沒有做好，之後的發酵、整形、烘焙等步驟都會受到影響。請務必仔細觀察麵團的攪拌過程，並攪拌到適合發酵的狀態。

・先以低速進行攪拌

當鋼盆中放入所有材料後，要先以低速進行攪拌，一開始要避免使用中速，否則鋼盆摩擦生熱後，會導致麵團迅速升溫，容易影響到麵團發酵。等攪拌至粉狀感消失、逐漸成團，麵團表面看起來粗糙、呈現一顆一顆的模樣，此時可以先暫停攪拌，使用軟式刮板整理一下鋼盆周圍的麵團，減少烘焙損耗。

・改用中速攪拌麵團至「擴展階段」

到達這個階段時，麵團因為產生了筋性，看起來帶有彈性和光澤感，而且在攪拌的時候，會盤在勾狀攪拌器上面，被反覆甩打但不會掉下去。用耳朵仔細聽，可以聽到麵團和鋼盆撞擊聲響，還有麵團內氣泡被擠壓破掉的啵啵聲。此時取一小塊麵團出來，找到光滑面後攤開，用手指腹將麵團往左右邊轉邊拉出薄膜。如果已經可以拉出略有粗糙感的薄膜，薄膜上的空洞邊緣呈現鋸齒狀，即進入「擴展階段」。

・ 完成擴展階段

當麵團攪拌到擴展階段時，已完全成團、不黏鋼盆，且表面呈現光澤感。加入奶油攪拌均勻後，麵團看起來會更加光滑。麵團表面光滑，可拉出透光、無鋸齒狀的薄膜。等麵團到達「擴展階段」後，就可以下奶油，繼續以中速攪拌至「完成階段」。奶油不能太早下，油脂不但會降低酵母的活性，還會抑制筋性的形成，導致攪拌時間變長，麵團溫度升高而難以發酵。而此時的麵團因為充分吃油，看起來更加光滑，拉出來的薄膜也非常透光，裂開的洞孔邊緣平滑、沒有鋸齒狀。最後轉低速收尾，幫助麵團修復一下後，即完成攪拌程序。

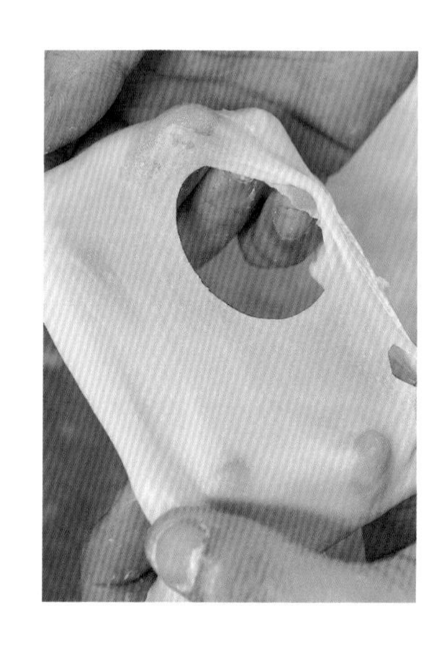

POINT 俗稱的「三光階段（手光、盆光、麵團光）」，便是指「完成階段」。

發酵

完成攪拌後的麵團，接著就要進行發酵作業。依照麵團的不同，需要發酵的次數和時間長短都不太一樣。通常以 3 次為基本，一般來說可分為：攪拌後的「基本發酵」、分割整形後的「中間發酵」、整形或入模後的「最後發酵」。

本書中的食譜是以直接法做示範。方法簡單又快速，只要將乾性材料、濕性材料放一起攪拌至完成階段，即可進行發酵。對新手來說比較容易操作，但麵包相對來說容易老化、保濕性和風味都沒有其他發酵法來得好。在專業環境下，為了精準掌握溫度和濕度，會使用發酵箱做發酵。甜麵團適合濕度 70-75%；裹油類麵團如果太濕，油跟皮會融化而失去層次，因此溼度 60-65% 的環境較佳。

分割

基本發酵完成後會進行分割，將大的麵團分切成等重的小麵團。分割時需使用磅秤計量，盡可能讓小麵團的重量一致，才能統一控制之後發酵與烘烤的時間。切的時候先切條再切塊，用切麵刀以按壓的方式快速切下並分開，不要來回拉扯，以免破壞麵筋組織。

整型

本書中的「整型」，共分成兩個部分。一個是分割後的整型，俗稱「滾圓」，目的是將麵團內的空氣排出，再進行中間發酵，但並非所有的麵團都是滾成圓形，也可能是長柱型，因此統稱「整型」。

裝飾

裝飾通常在兩個時機進行，分別是烘烤前以及烘烤後。烘烤前的裝飾包含：擠入餡料、刷蛋液等。烘烤後的裝飾則包括：撒糖粉、擺上醃漬果乾等。不同的麵包有不同的裝飾方式，目的也各不相同，例如，麵團切刀口除了美觀，也是為了讓麵筋不會太過緊繃，避免烘烤後出現不規則裂紋；刷蛋液後烘烤，麵包會呈現漂亮的色澤；出爐後刷糖水能增加光澤度。請依照書中的食譜說明，進行適合的裝飾。

烘焙

烘焙步驟可說是不亞於攪拌動作的關鍵環節，從預熱、烘烤到出爐都不可不慎。麵團進爐烘烤前，一定要先將烤箱預熱到適當溫度，再依據火力需求做調整。有些麵包不能固定一個溫度烤到底，中途需要掉頭或是降低火力，由於本書食譜的烘焙溫度與時間都是以商用烤箱做示範，請務必根據各自的烤箱情況做調整。

PART 02

初學者必學！經典肉桂捲麵包

用 4 種麵團創造出 20 款美味肉桂捲

這 4 種麵團，包括瑞典傳統肉桂捲麵團、美式肉桂捲麵團、布里歐麵團，以及千層麵團。除了千層麵團需要包油之外，其他的三種麵團在製作方式上，差異並不大，主要的差別在口味、整體呈現的方式以及含糖及含油的比例、餡料的不同。

瑞典肉桂捲麵團

十月四號是瑞典的「肉桂捲日」。傳統的瑞典肉桂捲，它的最大特色就是會在麵團裡加入小荳蔻粉，烤完後再撒上珍珠糖做為裝飾。

美式經典肉桂捲

與一顆顆獨立製作，加入「小荳蔻」，紮實脆口的歐式肉桂捲有很大的不同，美式肉桂捲在製作時，會在烤盤內鋪肉桂醬、核桃，烤完後翻轉淋醬再切割，且口感上也較為綿密濕潤，因為是濕式肉桂捲，表面有滿滿淋醬，麵包體比較濕潤，所以吃起來 Q 彈柔軟，香氣較為濃郁。

布里歐甜麵團

甜麵團糖含量大約在 15 ～ 20%，奶油不低於 8%。大約有超過 80% 的麵包，是利用甜麵製作出來的。以甜麵糰基礎做出來的麵包，內部結構鬆軟，口感香甜！

千層肉桂捲麵團

不同於傳統的肉桂捲，用高筋麵粉、低筋麵粉、鹽、細砂糖、乾酵母、牛奶、奶油、水為麵團基底，加上裹入奶油，打造出一口咬下的酥脆感，以及香氣蔓延，是讓許多人迷戀的原因之一。

瑞典傳統型肉桂捲

經典傳統的瑞典肉桂捲以放滿整個烤盤
表面撒粗砂糖去烘烤為特色
一般出現在家庭製作或坊間的咖啡廳、點心坊
有鑑於瑞典人真的太愛肉桂捲了
因此，瑞典的家庭烘焙委員會在 1999 年將 10 月 4 日訂為肉桂捲日

製作分量

20 個
【一個 35-40g】

麵團材料

高筋麵粉	250g
精鹽	3g
細砂糖	35g
乾酵母	5g
全蛋	50g
小豆蔻粉	1g
牛奶	130g
奶油	50g
珍珠糖	

肉桂餡材料

奶油	75g
細砂糖	45g
肉桂粉	10g

使用模具

長 30 公分
寬 20 公分
高 4 公分的烤盤一片

麵團攪拌

01.

02.

03.

04.

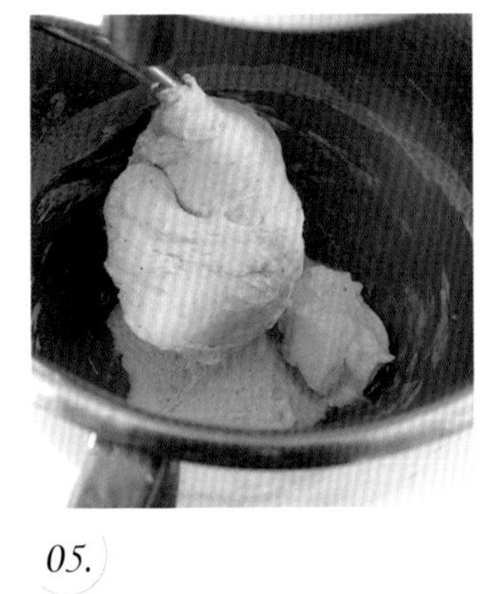

05.

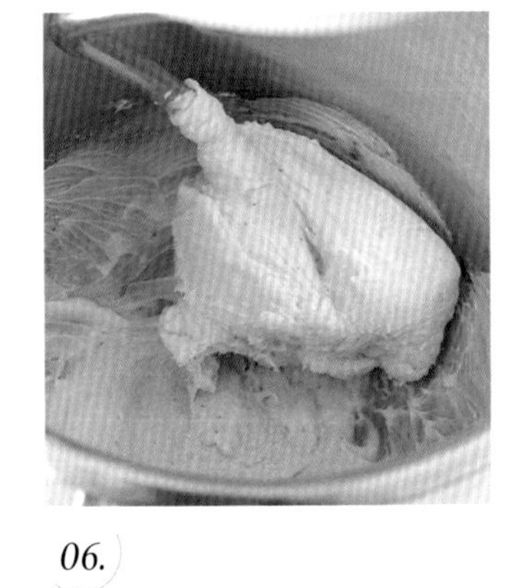

06.

Directions

工法步驟

麵團攪拌

01. 攪拌盆中先放入乾性材料，包括在製作前就已經預先秤好的高筋麵粉、精鹽、細砂糖、乾酵母、全蛋、小豆蔻粉。

02. 再倒入濕性材料的牛奶，這時攪拌機要裝入鉤狀攪拌棒。

TIP 使用鉤狀攪拌棒，因阻力較大，所以能夠很快速的和成麵團，製作有筋度的麵包麵團用這種最適合。

03. 開始時先以低速，〈或是 1 速〉進行攪拌，攪拌時間大約 3 分鐘，讓麵團慢慢的成團。

TIP 此時不可使用中速，以免鋼盆摩擦生熱、導致麵團迅速升溫而影響麵團發酵。

04. 拾起階段的麵團，是攪拌到粉狀感消失、在逐漸成團中的狀態。

TIP 等攪拌至粉狀感消失、逐漸成團，麵團表面看起來粗糙、呈現一顆一顆的模樣後，即是到達「拾起階段」。

05. 加入室溫奶油，改成 2 速攪拌約 6 分鐘。

TIP 奶油不能太早加入，因為油脂不但會降低酵母的活性，還會抑制筋性的形成，導致攪拌時間變長，麵團溫度升高而難以發酵。

06. 慢慢的讓麵團與奶油融為一體。在這個過程中，可以觀察到麵團成團的情況。

TIP 因為桌上型的攪拌機機型及功率都不一樣，所以這裡只是建議的時間，還是要觀察麵團的實際情況來增減。

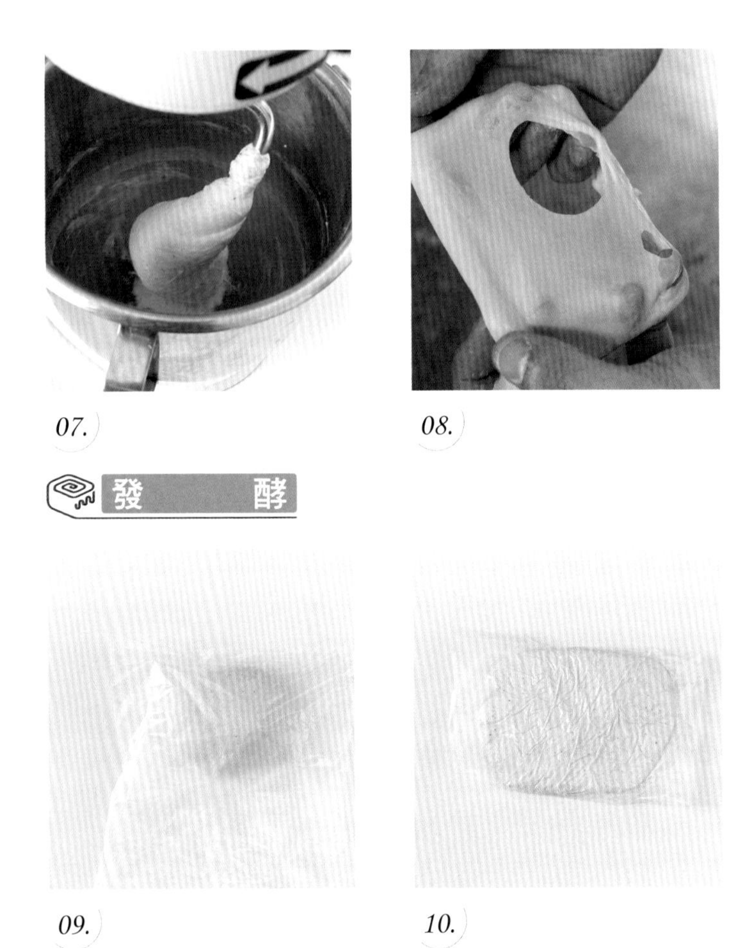

07.

08.

發　　酵

09.

10.

11.

07. 表面從粗糙到逐漸變得光滑柔軟，原本沾黏的攪拌盆周圍也變得乾淨光亮。到達這個階段，麵團因為產生了筋性，看起來帶有彈性和光澤感，而且在攪拌的時候，會盤在勾狀攪拌器上面，被反覆甩打但不會掉下去。

08. 取一小塊麵團出來，由中心逐漸向外展開，當麵團出現透光、裂口線呈現平滑狀，就表示麵團已經達到筋度標準。

此時的麵團因為充分混合油脂，看起來更加光滑，也就是俗稱的（手光、盆光、麵團光）三光階段，此時麵團已是完成階段。最後改低速收尾，幫助麵團修復一下，即完成攪拌程序。

發　酵

09. 將打好的麵團從鋼盆中取出放到工作檯上，略微整型，滾圓，放入塑膠袋中，放在溫度 30°C、濕度 70 %的環境下，做基本發酵 30 分鐘。

10. 放入冰箱冷藏發酵 1-2 小時。

依照麵團的不同，需要發酵的次數和時間長短都不太一樣。通常以 3 次為基本，一般來說可分為：攪拌後的「基本發酵」、分割整形後的「中間發酵」、整形或入模後的「最後發酵」。

11. 可以看到最後發酵好的麵團大約脹大了 2 倍。

為了達到理想的發酵狀態，必須打造一個偏濕、偏酸，適合酵母生存的環境，才能讓酵母確實發揮活性。不同的麵團，需要的發酵環境也有所差異，甜麵團適合濕度 70-75%

製作肉桂餡

12. 13. 14.

組　合

15. 16.

17. 18. 19.

製作肉桂餡

12. 準備一個乾淨的攪拌盆，將肉桂餡的材料奶油、黑糖粉、肉桂粉依序放入。

13. 把適合攪打油脂類的球狀攪拌棒裝入攪拌器中，先以慢速將材料混合打勻。

14. 將空氣攪打到食材裡，使其更加蓬鬆，直到微打發即完成，再將打好的肉桂餡裝入擠花袋中。

組　合

15. 將已經冷藏 1-2 小時的麵團取出，進行整型。

16. 先將麵團從中間擀開，再左右擀平到長 65 公分，寬 25 公分，厚度 0.3 公分的長方形。

TIP 用擀麵棍從麵團中間往上下擀壓，讓空氣能順利排出。

17. 擠花袋剪一個小洞，並且在擀平的麵皮，上、中、下均勻的擠上三條肉桂餡。

TIP 擠肉桂餡時，在麵皮的上下兩端，要預留大約 2 公分的距離，而三條餡料的間距也儘量保持一致。

18. 接著用抹刀把三條餡料一一抹開，直到肉桂餡佈滿整張麵皮，抹餡時儘量讓厚薄能更一致。

19. 將麵團從上方開始往靠近身體的地方慢慢捲起。

TIP 在捲的過程當中，要避免過於鬆散，但也不能捲得太緊實，以免在烘烤的過程中發生爆餡的情況。

切割烘烤

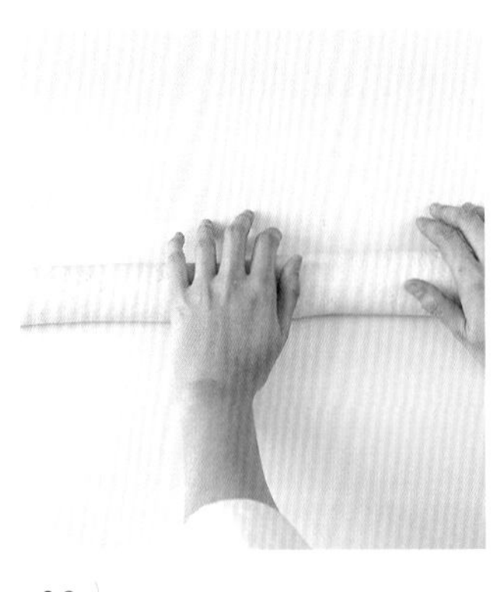

20.

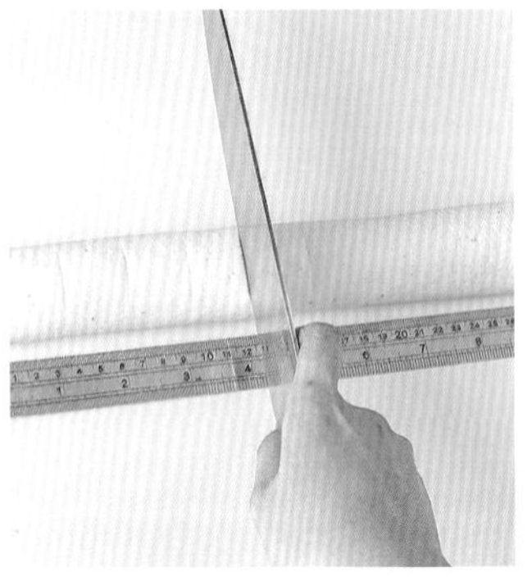

21.

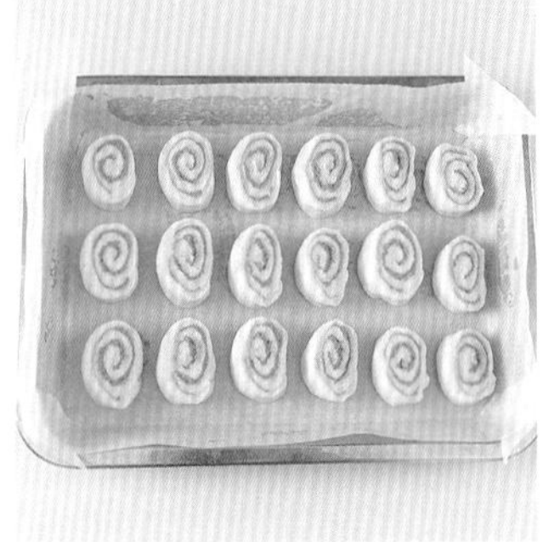

22.

23.

24.

25.

26.

20. 捲到最後，在桌面反覆滾動，將麵團捲起後搓長至 60-65 公分，把前端約 1 公分的地方切除，邊緣修整齊。

最後的收口處記得要朝下。

切割烘烤

21. 將麵團切成每個寬度為 3 公分的小麵團，每個麵團重量大約 35-40 公克，大約可以切成 20 個。

22. 事先準備好一個烤盤，長 30 公分、寬 20 公分、高 4 公分，並且先在烤盤上鋪上一層烘焙紙，再將切好的麵團一一排入，進行最後發酵，時間大約 60 分鐘。

排入烤盤時，麵團跟麵團間要有適當的間距。

23. 最後發酵完成後，在麵團上均勻的刷上蛋液。

24. 最後在麵團上面均勻的撒上珍珠糖。

25. 放入已經預熱到上火 175°C，下火 165°C的烤箱中進行烘焙，時間大約 25-30 分鐘。

烤箱事先預熱可以讓麵團在穩定的溫度傳達到內部來進行熟化，這樣就不會出現內外熟度不均，或者表面出現燒焦的情況，所以確實做好事先預熱，讓失敗機率大大降低。

26. 麵包出爐後放涼即完成。

瑞典球形肉桂捲

傳統的瑞典肉桂捲除了家庭式的以烤盤烘烤以外
另一種特色造型就是以辮子球形的樣式單個製作
必須先將麵團以三辮的編法編好
再將麵團輕柔的捲起成圓圈，造型上要做到整齊好看
非常考驗著製作者的功力

製作分量

7 個
【一個 50-55g】

麵團材料

高筋麵粉	250g
精鹽	3g
細砂糖	35g
乾酵母	5g
全蛋	50g
牛奶	130g
奶油	50g

肉桂餡材料

奶油	80g
黑糖粉	100g
肉桂粉	10g

使用模具

直徑 8 公分
高 3 公分的紙模 7 個

麵團攪拌

01.

02.

03.

04.

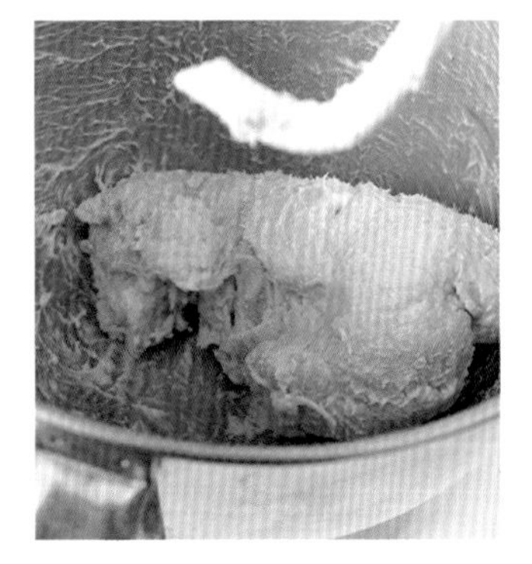

05.

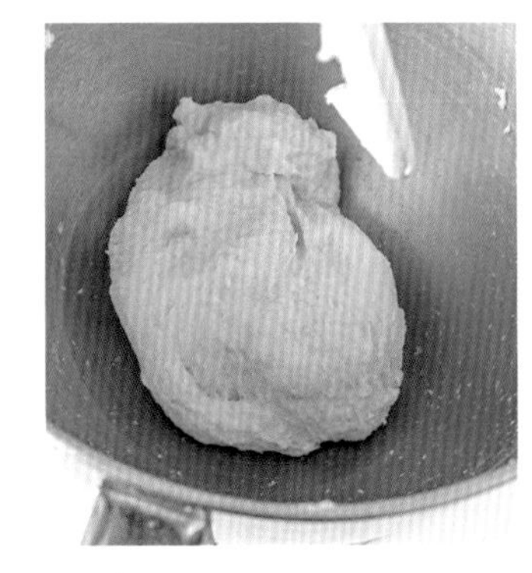

06.

Directions

工法步驟

麵團攪拌

01. 攪拌鋼先放入乾性材料，包括在製作前就已經預先秤好的高筋麵粉、精鹽、細砂糖、乾酵母。

02. 再倒入濕性材料中的全蛋及牛奶，這時攪拌機要裝入鉤狀攪拌棒。

TIP 使用鉤狀攪拌棒，因阻力較大，所以能夠很快速的和成麵團，製作有筋度的麵包麵團用這種最適合。

03. 開始時先以低速，〈或是 1 速〉進行攪拌，攪拌時間大約 3 分鐘，讓麵團慢慢的成團。

TIP 此時不可使用中速，以免鋼盆摩擦生熱、導致麵團迅速升溫而影響麵團發酵。

04. 拾起階段的麵團，是攪拌到粉狀感消失、在逐漸成團中的狀態，加入室溫奶油。

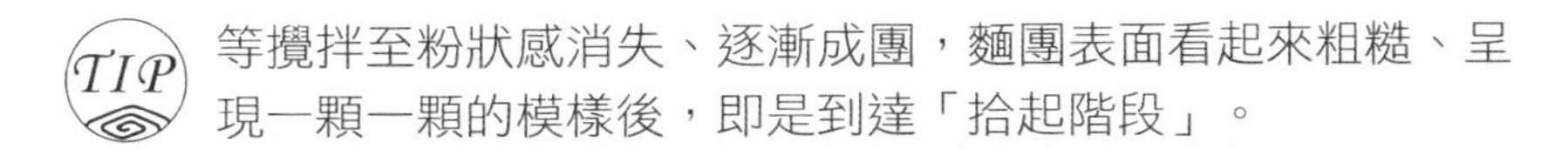

TIP 等攪拌至粉狀感消失、逐漸成團，麵團表面看起來粗糙、呈現一顆一顆的模樣後，即是到達「拾起階段」。

05. 加入奶油後改成 2 速或中速，攪拌時間大約 6 分鐘

TIP 奶油不能太早加入，因為油脂不但會降低酵母的活性，還會抑制筋性的形成，導致攪拌時間變長，麵團溫度升高而難以發酵。

06. 慢慢的讓麵團與奶油融為一體。在這個過程中，可以觀察到麵團成團的情況。

TIP 因為桌上型的攪拌機機型及功率都不一樣，所以這裡只是建議的時間，還是要觀察麵團的實際情況來增減時間。

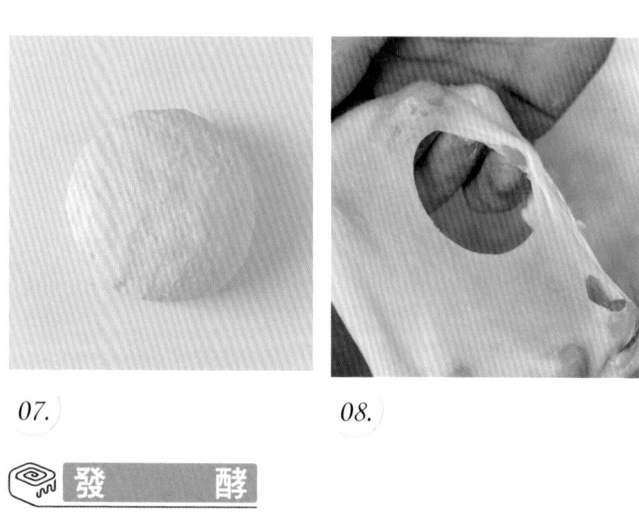

07. 08.

發　　酵

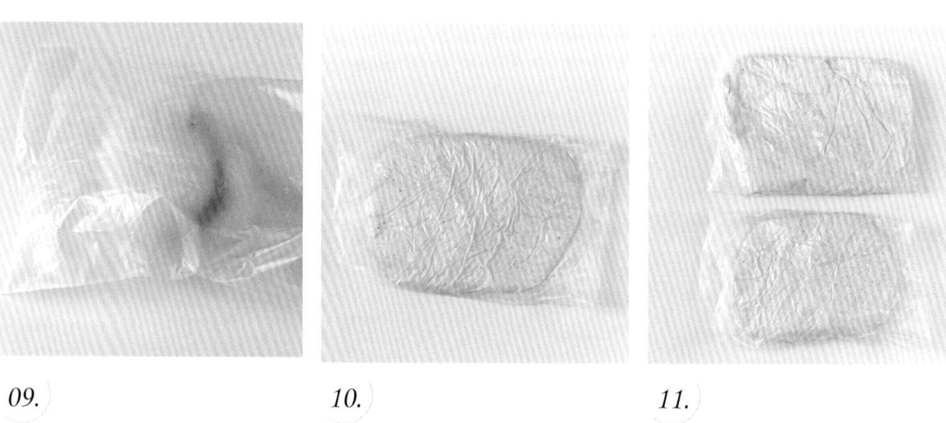

09. 10. 11.

07. 表面從粗糙到逐漸變得光滑柔軟，原本沾黏的攪拌鋼周圍也變得乾淨光亮。到達這個階段，麵團因為產生了筋性，看起來帶有彈性和光澤感。

08. 取一小塊麵團出來，由中心逐漸向外展開，當麵團出現透光、裂口線呈現平滑狀，就表示麵團已經達到筋度標準。

此時的麵團因為充分混合油脂，看起來更加光滑，也就是俗稱的（手光、盆光、麵團光）三光階段，此時麵團已是完成階段。最後改低速收尾，幫助麵團修復一下，即完成最後的攪拌程序。

發　　酵

09. 將打好的麵團從鋼盆中取出放到工作檯上，略微整型，滾圓，放入塑膠袋中，放在溫度 30°C、濕度 70%的環境下，做基本發酵 30 分鐘。

10. 取出後，擀平，放入塑膠袋中，再入冰箱冷藏，做中間發酵 1 小時。

依照麵團的不同，需要發酵的次數和時間長短都不太一樣。通常以 3 次為基本，一般來說可分為：攪拌後的「基本發酵」、分割整形後的「中間發酵」、整形或入模後的「最後發酵」。

11. 可以看到最後發酵好的麵團大約脹大了 2 倍。

為了達到理想的發酵狀態，必須打造一個偏濕、偏酸，適合酵母生存的環境，才能讓酵母確實發揮活性。不同的麵團，需要的發酵環境也有所差異，甜麵團適合濕度 70-75%

製作肉桂餡

12.

13.

組　合

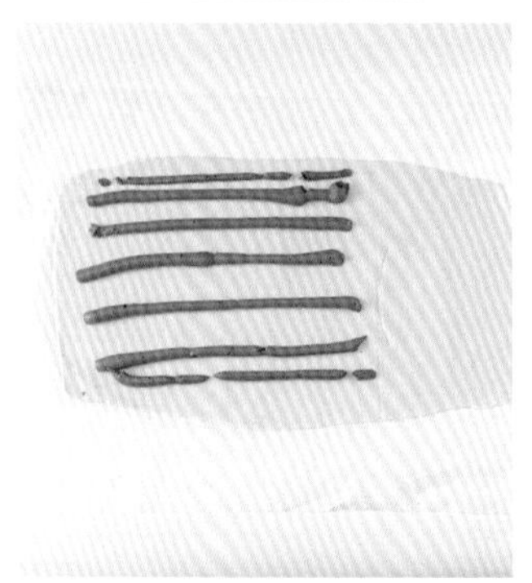

14.

15.

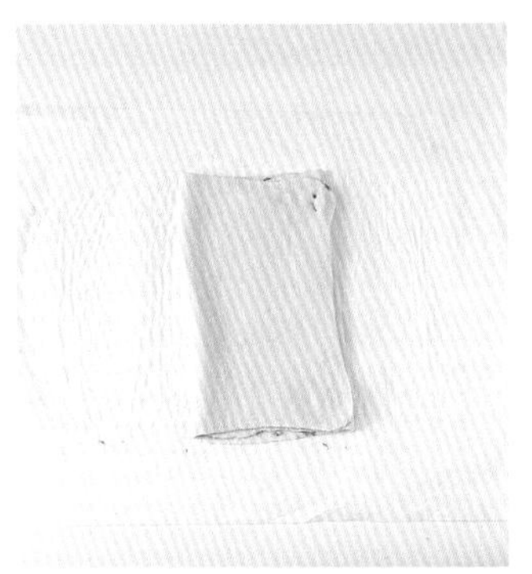

16.

切割烘烤

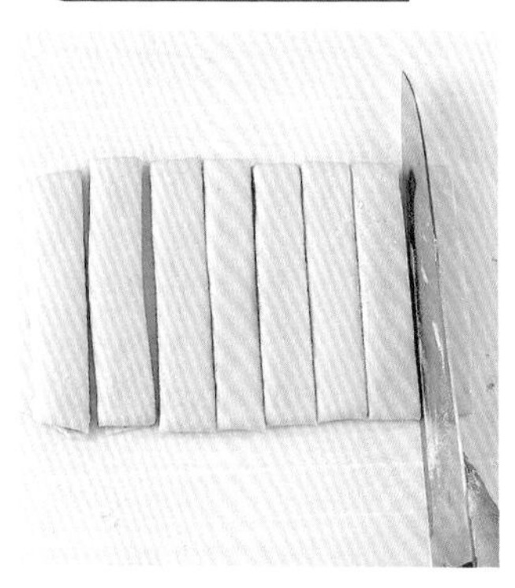

17.

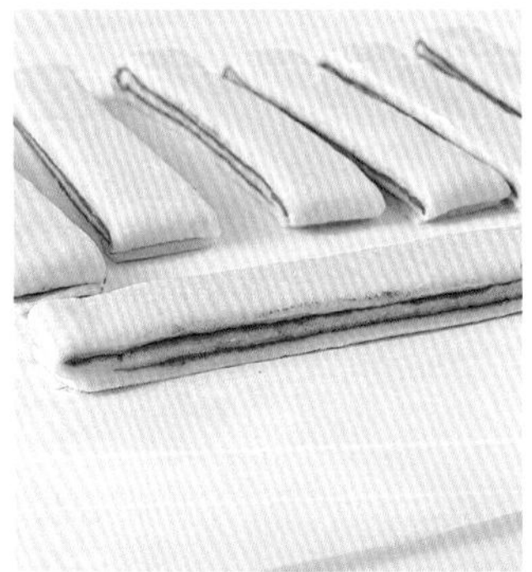

18.

製作肉桂餡

12. 準備一個乾淨的攪拌鋼，將肉桂餡的材料奶油、黑糖粉、肉桂粉依序放入，把適合攪打油脂類的球狀攪拌棒裝入攪拌器中，先以慢速將材料混合打勻。

13. 將空氣攪打到食材裡，使其更加蓬鬆，直到微打發即完成，再將打好的肉桂餡裝入擠花袋中。

組　　合

14. 將已經冷藏 1-2 小時的麵團取出，進行整型，先將麵團從中間擀開，再左右擀平到長 65 公分，寬 25 公分，厚度 0.3 公分的長方形。擠花袋剪一個小洞，並且在擀平的麵皮 2/3 處，均勻的擠上肉桂餡。

擠肉桂餡時，在麵皮的上下兩端，要預留大約 2 公分的距離，而餡料的間距也儘量保持一致。

15. 接著用抹刀把餡料抹開，直到肉桂餡佈滿約 2/3 張的麵皮，抹餡時儘量讓厚薄能更一致。

16. 接著將麵團對折成 3 等份，且整型成長 22 公分，寬 25 公分的長方型，切除寬邊前端部份約 1 公分修整齊邊緣。

切割烘烤

17. 將麵團切成每個寬度為 3 公分的小麵團，切出 7 個麵團，每個麵團重量大約 50-55 公克。

18. 再將 3 公分的麵團，以每條 1 公分為單位，均切成 3 等份，注意頂端不要切斷。

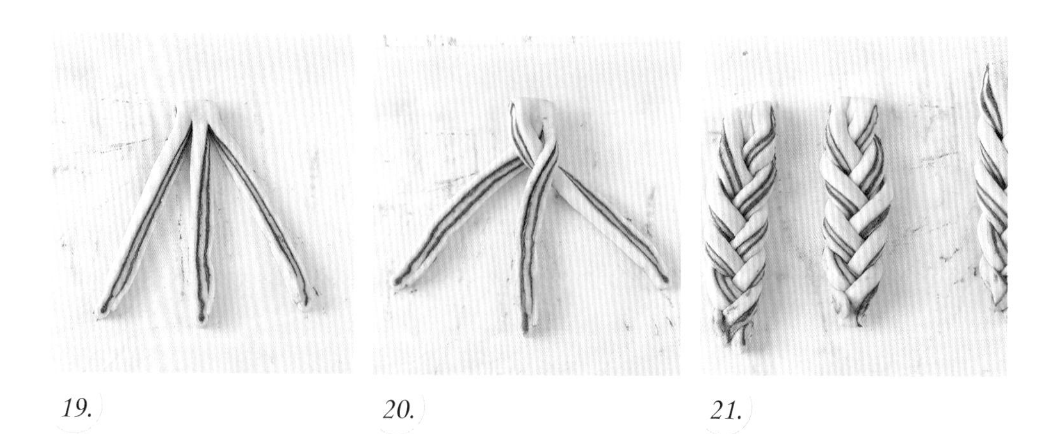

19. *20.* *21.*

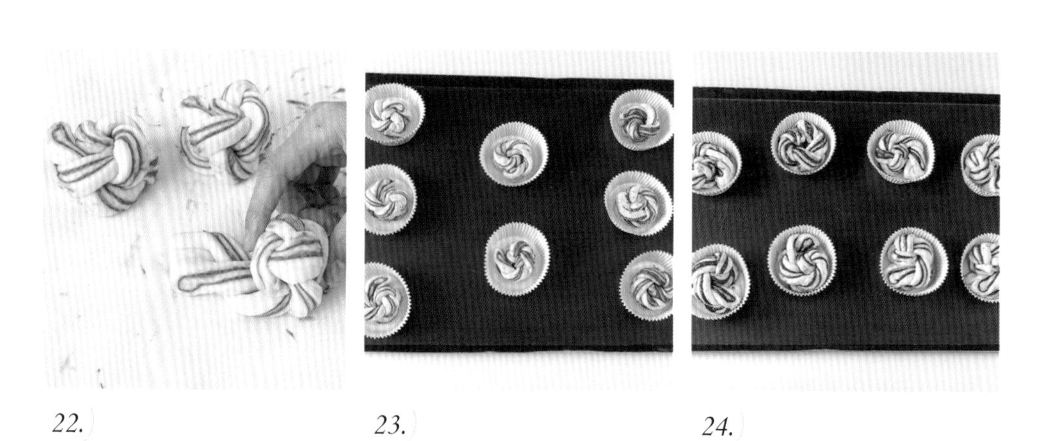

22. *23.* *24.*

25. *26.*

19. 取出其中一條，準備編三股辮。

20. 先將右側麵團拉到左邊，從上方與中間麵團交叉。接著再將最左側的麵團拉到右邊兩條麵團的中間，按照這個方式編完。

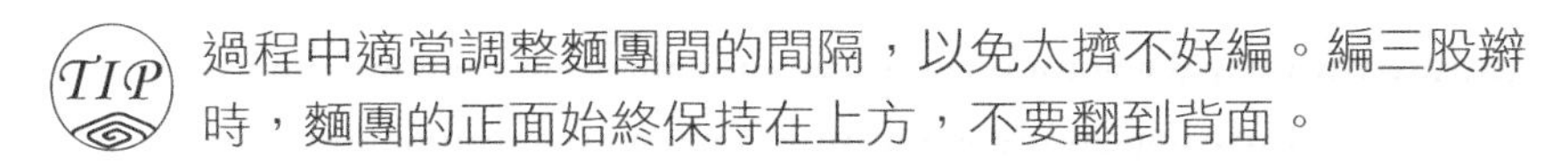

過程中適當調整麵團間的間隔，以免太擠不好編。編三股辮時，麵團的正面始終保持在上方，不要翻到背面。

21. 其他的麵團，重複 18-20 的步驟，使用編辮子的整型手法，整型成辮子狀一一編完。

22. 接著將編好的辮子狀麵團一一捲起，把收口處朝下。

23. 將捲好的肉桂捲麵團放入直徑 8 公分、高 3 公分的紙模中，一一排入烤盤中進行最後發酵，時間大約 60 分鐘。

24. 在每個發酵好的肉桂捲麵團上，均勻的刷上蛋液。

25. 放入已經預熱到上火 175℃，下火 165℃的烤箱中進行烘焙，時間大約 20-25 分鐘。

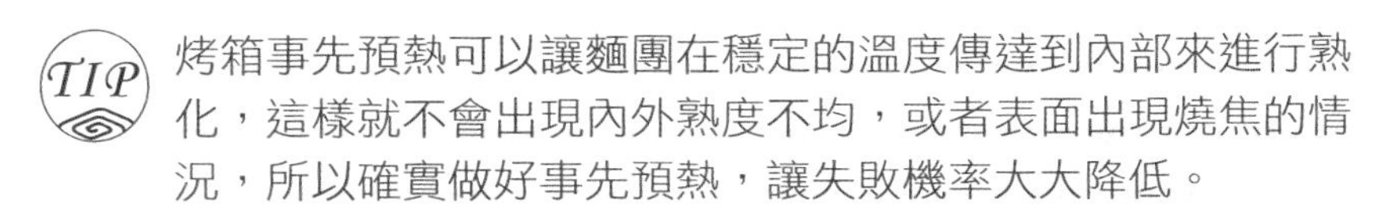

烤箱事先預熱可以讓麵團在穩定的溫度傳達到內部來進行熟化，這樣就不會出現內外熟度不均，或者表面出現燒焦的情況，所以確實做好事先預熱，讓失敗機率大大降低。

26. 出爐後，取出、放涼，最後撒上糖粉即完成。

美式經典肉桂捲

美式經典肉桂捲特色是麵包鬆軟，肉桂餡裡的肉桂
奶油及糖的香氣更加濃郁
待出爐後再撒上糖粉或抹上糖霜
讓整體呈現甜而不膩的味覺感受

製作分量

20個
【一個 35-40g】

麵團材料

高筋麵粉	260g
全蛋	110g
精鹽	4g
細砂糖	25g
乾酵母	4g
牛奶	60g
奶油	50g

肉桂餡材料

奶油	95g
香草糖	30g
肉桂粉	12g
黑糖粉	65g
楓糖漿	5g

使用模具

直徑 8 公分
高 3 公分的紙模 20 個

麵團攪拌

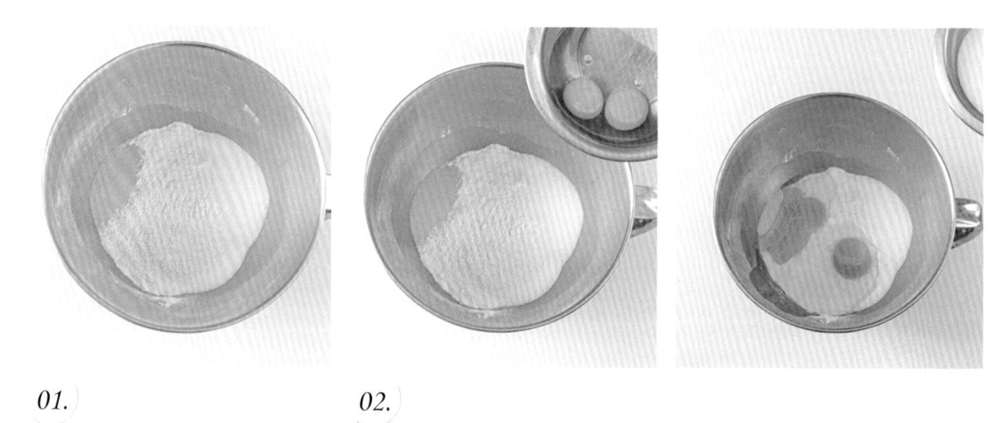

01.

02.

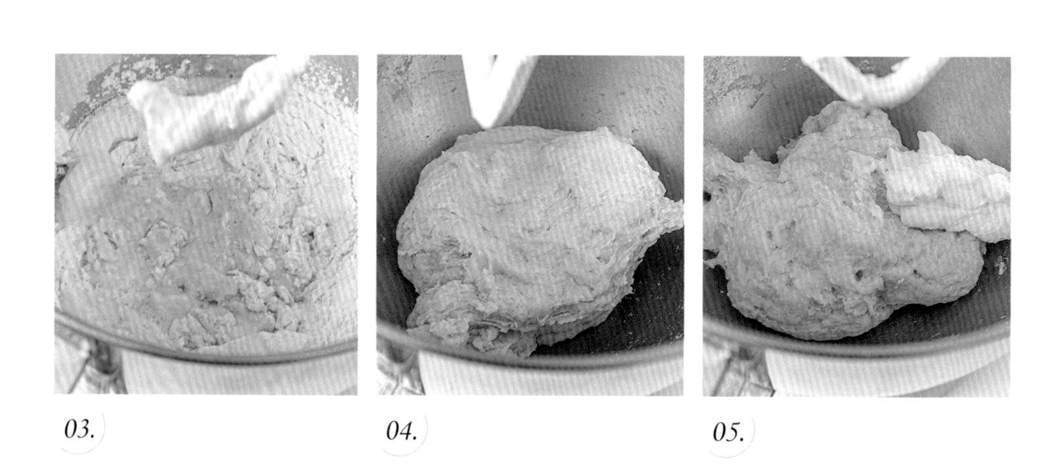

03.

04.

05.

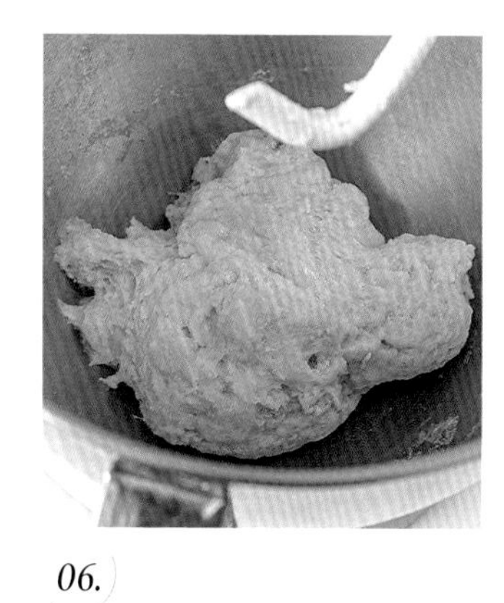

06.

Directions

工法步驟

麵團攪拌

01. 攪拌盆中先放入乾性材料，包括在製作前就已經預先秤好的高筋麵粉、精鹽、細砂糖、乾酵母，。

02. 先倒入濕性材料的全蛋後，再倒入牛奶，這時攪拌機要裝入鉤狀攪拌棒。

TIP 使用鉤狀攪拌棒，因阻力較大，所以能夠很快速的和成麵團，製作有筋度的麵包麵團用這種最適合。

03. 開始時先以低速，〈或是 1 速〉進行攪拌，攪拌時間大約 3 分鐘，讓麵團慢慢的成團。

TIP 此時不能使用中速，以免鋼盆摩擦生熱，而導致麵團迅速升溫，這樣就會影響麵團發酵。

04. 拾起階段的麵團，是攪拌到粉狀感消失、在逐漸成團中的狀態。

TIP 等攪拌至粉狀感消失、逐漸成團，麵團表面看起來粗糙、呈現一顆一顆的模樣後，即是到達「拾起階段」。

05. 加入室溫奶油，改成 2 速攪拌約 6 分鐘。

TIP 奶油不能太早加入，因為油脂不但會降低酵母的活性，還會抑制筋性的形成，導致攪拌時間變長，麵團溫度升高而難以發酵。

06. 慢慢的讓麵團與奶油融為一體。在這個過程中，可以觀察到麵團成團的情況。

TIP 因為桌上型的攪拌機機型及功率都不一樣，所以這裡只是建議的時間，還是要觀察麵團的實際情況來增減。

07.

08.

製作肉桂餡

09.

10.

11.

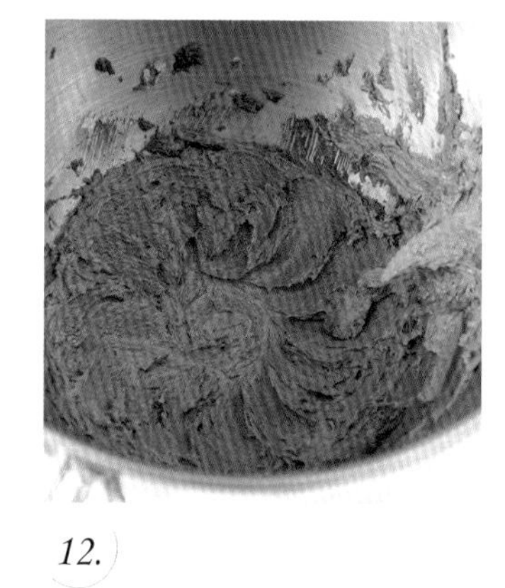

12.

07. 表面從粗糙到逐漸變得光滑柔軟，原本沾黏的攪拌盆周圍也變得乾淨光亮。到達這個階段，麵團因為產生了筋性，看起來帶有彈性和光澤感，將打好的麵團從鋼盆中取出放到工作檯上，並且撒上一些手粉。

此時的麵團因為充分混合油脂，看起來更加光滑，也就是俗稱的（手光、盆光、麵團光）三光階段，此時麵團已是完成階段。最後改低速收尾，幫助麵團修復一下，即完成了攪拌程序。

發　　酵

08. 略微整型，滾圓，放入塑膠袋中，放在溫度 30°C、濕度 70 %的環境下，做基本發酵 30 分鐘，放入冰箱冷藏 1-2 小時做中間發酵，可以看到最後發酵好的麵團大約脹大了 2 倍。

依照麵團的不同，需要發酵的次數和時間長短都不太一樣。通常以 3 次為基本，一般來說可分為：攪拌後的「基本發酵」、分割整形後的「中間發酵」、整形或入模後的「最後發酵」。

製作肉桂餡

09. 準備一個乾淨的攪拌鋼，將肉桂餡的材料奶油、香草糖、肉桂粉、黑糖粉、楓糖漿依序放入。

10. 把適合攪打油脂類的球狀攪拌棒裝入攪拌器中，先以慢速將材料混合打勻。

11. 將空氣攪打到食材裡，使其更加蓬鬆。

12. 直到微打發即完成，再將打好的肉桂餡裝入擠花袋中。

組　　合

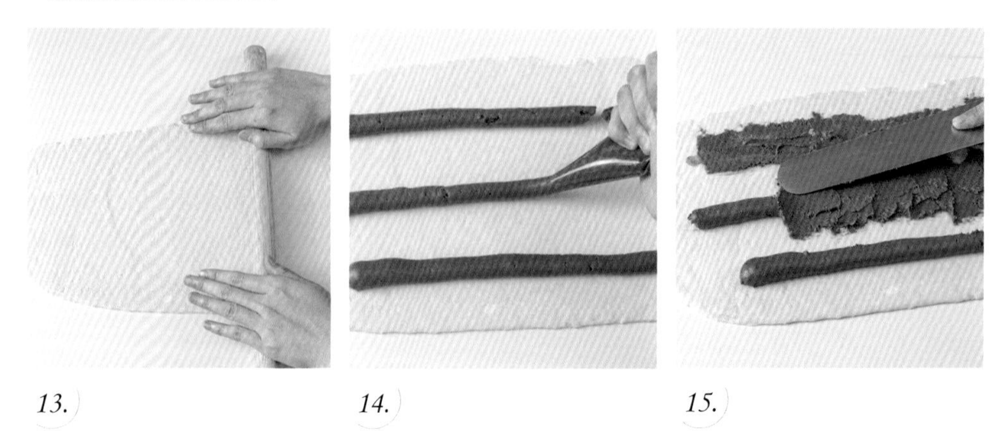

13.　14.　15.

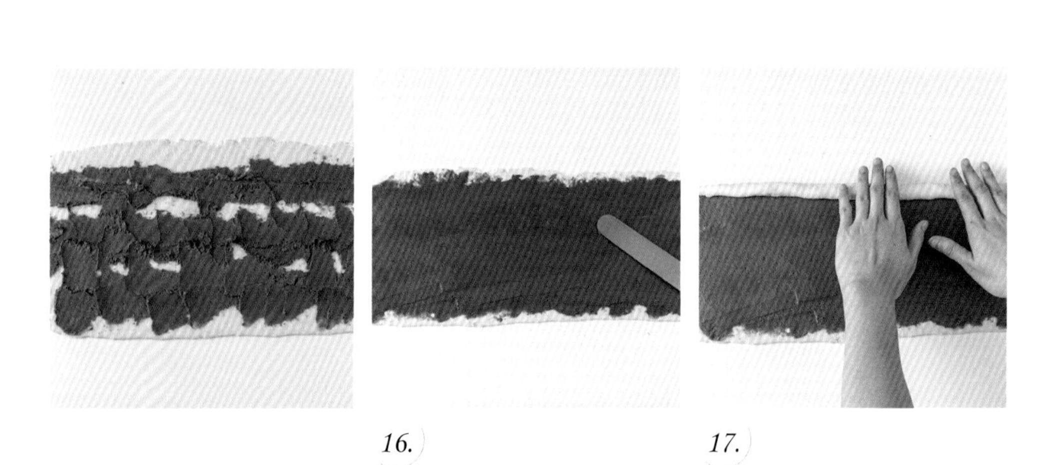

16.　17.

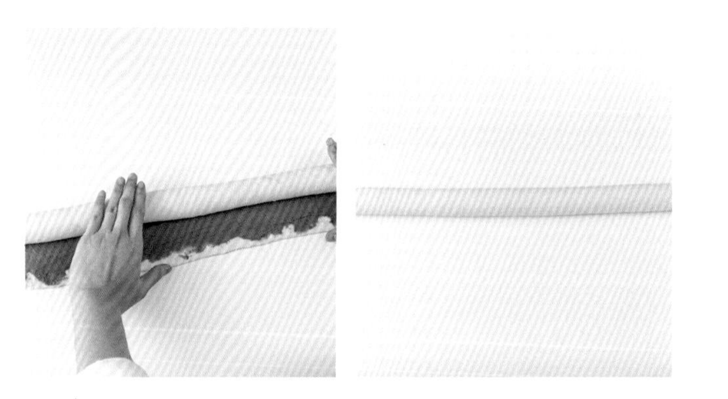

18.

組　合

13. 將已經冷藏 1-2 小時的麵團取出，進行整型，先將麵團從中間擀開，再將左右擀平到長 65 公分，寬 25 公分，厚度 0.3 公分的長方形。

用擀麵棍從麵團中間往上下擀壓，讓空氣能順利排出。

14. 擠花袋剪一個小洞，並且在擀平的麵皮，上、中、下均勻的擠上三條肉桂餡。

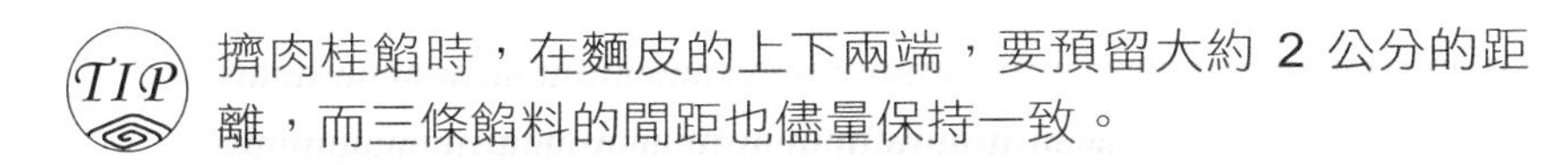

擠肉桂餡時，在麵皮的上下兩端，要預留大約 2 公分的距離，而三條餡料的間距也儘量保持一致。

15. 接著用抹刀把三條餡料一一往左右抹開。

16. 直到肉桂餡佈滿整張麵皮，抹餡時儘量讓厚薄能更一致。

17. 將麵團從上方開始往靠近身體的地方慢慢捲起。

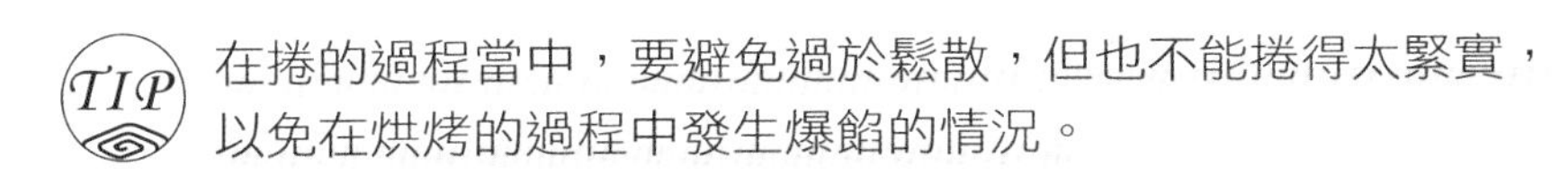

在捲的過程當中，要避免過於鬆散，但也不能捲得太緊實，以免在烘烤的過程中發生爆餡的情況。

18. 捲到最後，在桌面反覆滾動，將麵團捲起後搓長至 60-65 公分，把前端約 1 公分的地方切除，邊緣修整齊。

最後的收口處記得要朝下。

切割烘烤

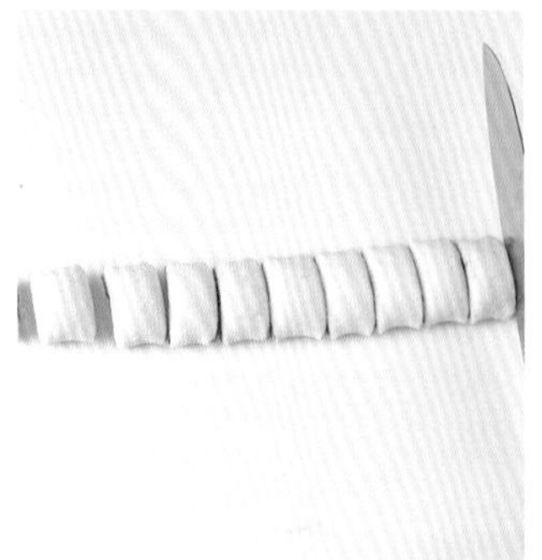

19.

20.

21.

22.

23.

切割烘烤

19. 將麵團切成每個寬度為 3 公分的小麵團，每個麵團重量大約 35-40 公克，大約可以切成 20 個。

20. 將捲好的肉桂捲麵團放入直徑 8 公分、高 3 公分的紙模中，一一排入烤盤中進行最後發酵，時間大約 60 分鐘。

21. 在每個發酵好的肉桂捲麵團上，均匀的刷上蛋液。

22. 放入已經預熱到上火 175°C，下火 165°C的烤箱中進行烘焙，時間大約 20-25 分鐘。

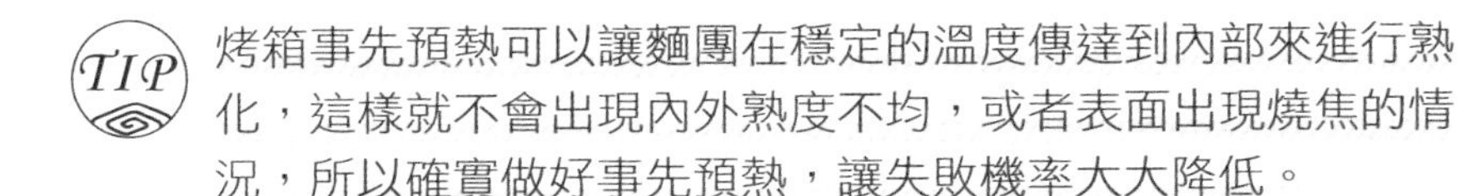
TIP 烤箱事先預熱可以讓麵團在穩定的溫度傳達到內部來進行熟化，這樣就不會出現內外熟度不均，或者表面出現燒焦的情況，所以確實做好事先預熱，讓失敗機率大大降低。

23. 出爐後，取出、放涼，最後撒上糖粉即完成。

布里歐肉桂捲

使用歐式的布里歐麵團製作
營養又充滿蛋黃香氣的柔軟麵包，搭配黑糖肉桂餡
讓肉桂捲內外呈現了完美平衡
一口咬下帶出絕妙口感

製作分量

5 個
【一個 120-150g】

麵團材料

高筋麵粉	240g
精鹽	3g
細砂糖	50g
乾酵母	5g
蛋黃	95g
牛奶	85g
奶油	70g

肉桂餡材料

奶油	100g
細砂糖	30g
肉桂粉	10g
黑糖粉	70g

使用模具

長 13 公分
寬 6 公分
高 4 公分的鐵模 5 個

麵團攪拌

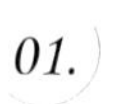

01.

02.

03.

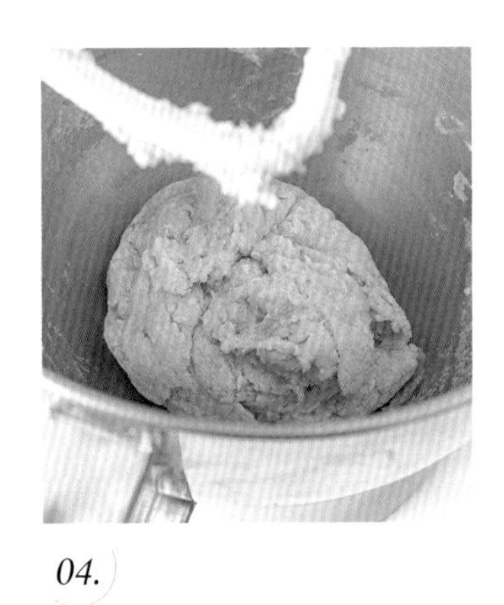

04.

05.

06.

Directions

工法步驟

麵團攪拌

01. 攪拌盆中先放入乾性材料，包括在製作前就已經預先秤好的高筋麵粉、精鹽、細砂糖、乾酵母。

02. 先倒入濕性材料的蛋黃後，再倒入牛奶，這時攪拌機要裝入鉤狀攪拌棒。

TIP 使用鉤狀攪拌棒，因阻力較大，所以能夠很快速的和成麵團，製作有筋度的麵包麵團用這種最適合。

03. 開始時先以低速，〈或是 1 速〉進行攪拌，攪拌時間大約 3 分鐘，讓麵團慢慢的成團。

TIP 此時不能使用中速，以免鋼盆摩擦生熱，而導致麵團迅速升溫，這樣就會影響麵團發酵。

04. 拾起階段的麵團，是攪拌到粉狀感消失、在逐漸成團中的狀態。

TIP 等攪拌至粉狀感消失、逐漸成團，麵團表面看起來粗糙、呈現一顆一顆的模樣後，即是到達「拾起階段」。

05. 加入室溫奶油，改成 2 速攪拌約 6 分鐘。

TIP 奶油不能太早加入，因為油脂不但會降低酵母的活性，還會抑制筋性的形成，導致攪拌時間變長，麵團溫度升高而難以發酵。

06. 慢慢的讓麵團與奶油融為一體。在這個過程中，可以觀察到麵團成團的情況。

TIP 因為桌上型的攪拌機機型及功率都不一樣，所以這裡只是建議的時間，還是要觀察麵團的實際情況來增減時間。

發　酵

07.

08.

製作肉桂餡

09.

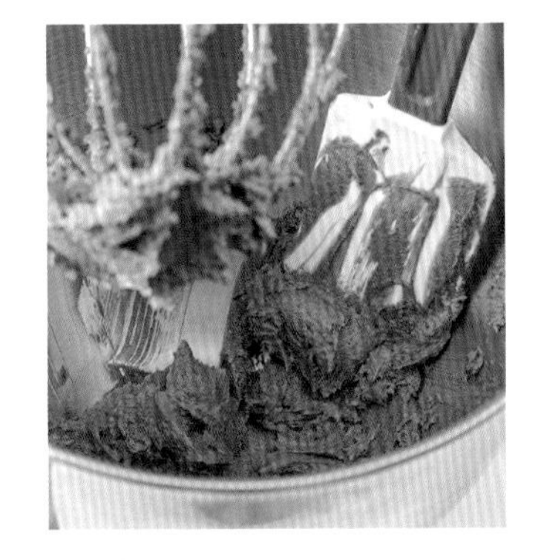

10.

07. 表面從粗糙到逐漸變得光滑柔軟，原本沾黏的攪拌盆周圍也變得乾淨光亮。到達這個階段，麵團因為產生了筋性，看起來帶有彈性和光澤感，將打好的麵團從鋼盆中取出放到工作檯上，撒上一些手粉。

此時的麵團因為充分混合油脂，看起來更加光滑，也就是俗稱的（手光、盆光、麵團光）三光階段，此時麵團已是完成階段。最後改低速收尾，幫助麵團修復一下，即完成攪拌程序。

發　酵

08. 略微整型，滾圓，放入塑膠袋中，放在溫度 30°C、濕度 70 %的環境下，做基本發酵 30 分鐘，放入冰箱冷藏 1-2 小時做中間發酵，可以看到最後發酵好的麵團大約脹大了 2 倍。

依照麵團的不同，需要發酵的次數和時間長短都不太一樣。通常以 3 次為基本，一般來說可分為：攪拌後的「基本發酵」、分割整形後的「中間發酵」、整形或入模後的「最後發酵」。

製作肉桂餡

09. 準備一個乾淨的攪拌鋼，將肉桂餡的材料奶油、細砂糖、肉桂粉、黑糖粉、依序放入。

10. 把適合攪打油脂類的球狀攪拌棒裝入攪拌器中，先以慢速將材料混合打勻。

這時候可以先暫停攪拌，使用軟式刮板整理一下鋼盆周圍的麵團，減少烘焙損耗。

11.

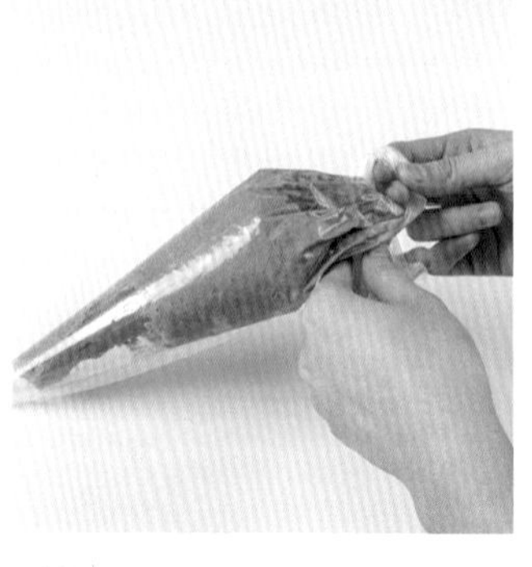

12.

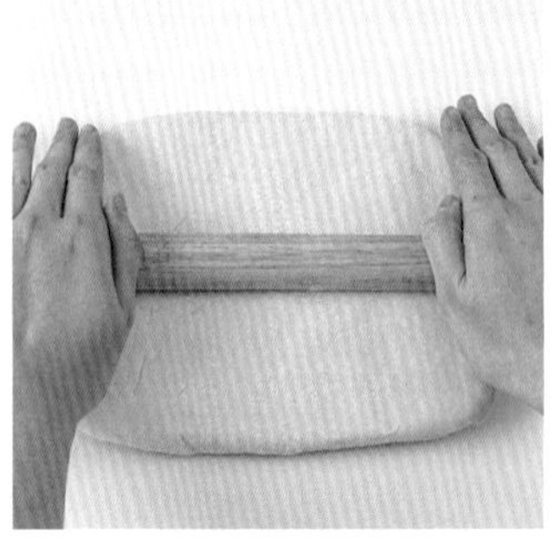

13.

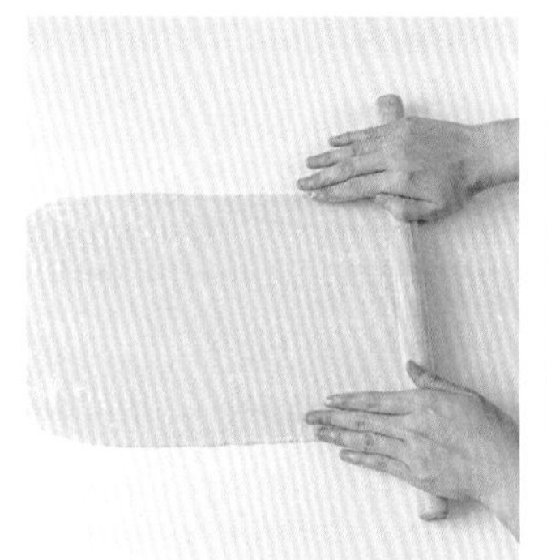

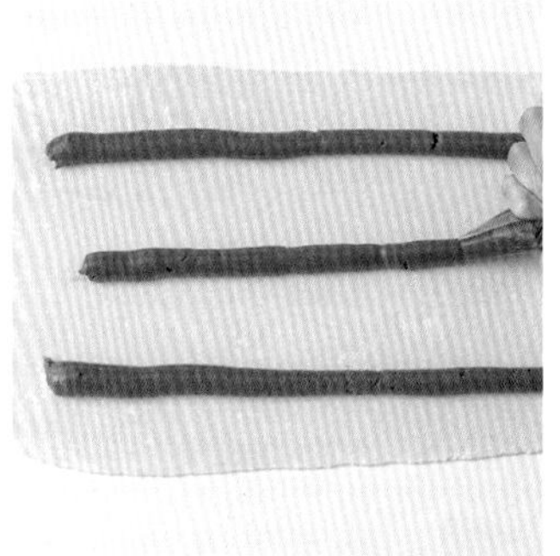

14.

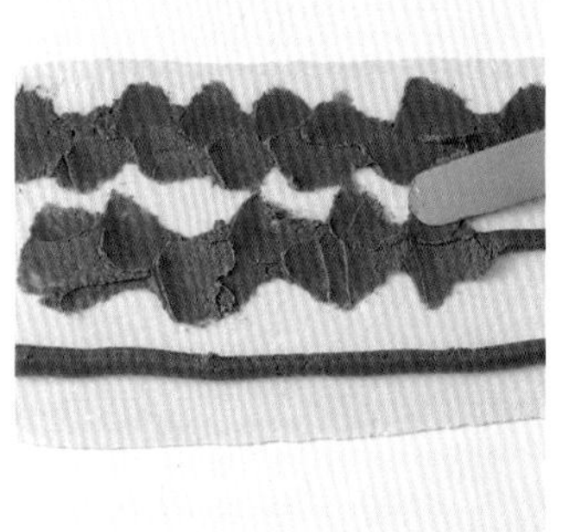

15.

16.

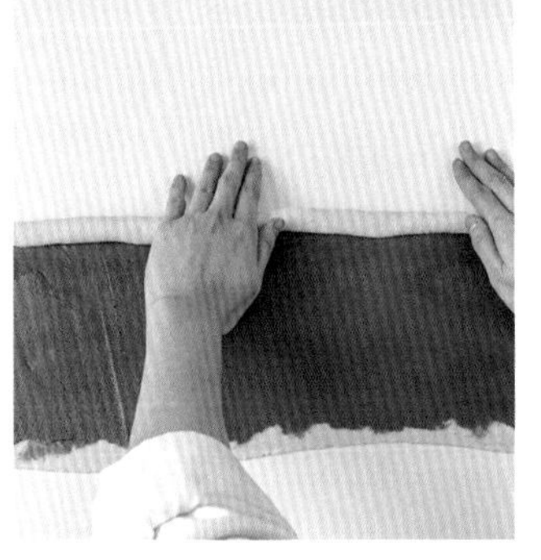

17.

11. 將空氣攪打到食材裡，使其更加蓬鬆。

12. 直到微打發即完成，再將打好的肉桂餡裝入擠花袋中。

組 合

13. 將已經冷藏 1-2 小時的麵團取出，進行整型，先將麵團從中間擀開，再將左右擀平到長 60 公分，寬 25 公分，厚度 0.3 公分的長方形。

用擀麵棍從麵團中間往上下擀壓，讓空氣能順利排出。

14. 擠花袋剪一個小洞，並且在擀平的麵皮，上、中、下均勻的擠上三條肉桂餡。

擠肉桂餡時，在麵皮的上下兩端，要預留大約 2 公分的距離，而三條餡料的間距也儘量保持一致。

15. 接著用抹刀把三條餡料一一抹開。

16. 直到肉桂餡佈滿整張麵皮，抹餡時儘量讓厚薄能更一致。

17. 將麵團從上方開始往靠近身體的地方慢慢捲起。

在捲的過程當中，要避免過於鬆散，但也不能捲得太緊實，以免在烘烤的過程中發生爆餡的情況。

切割烘烤

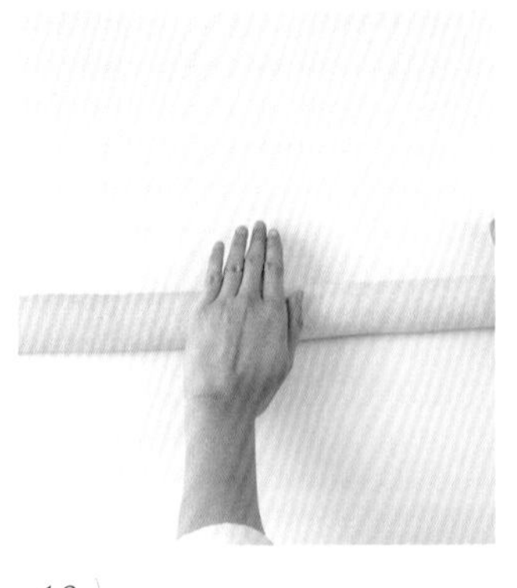

18.

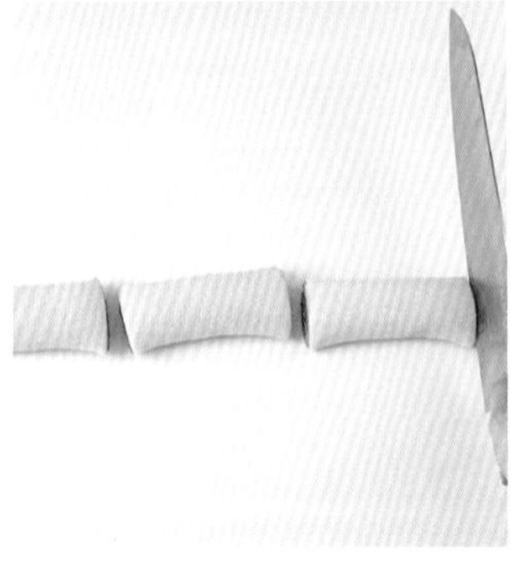

19.

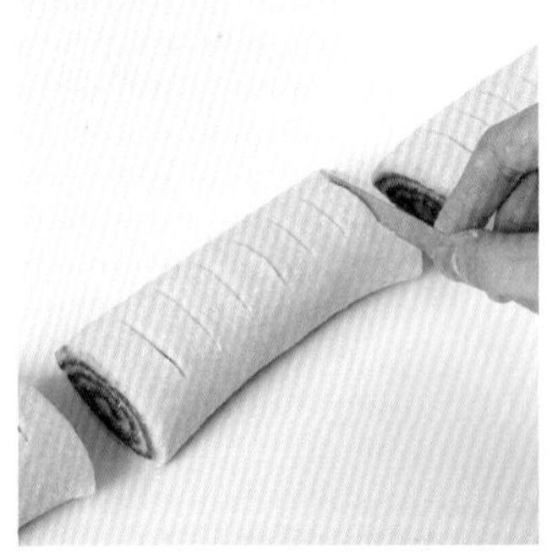

20.

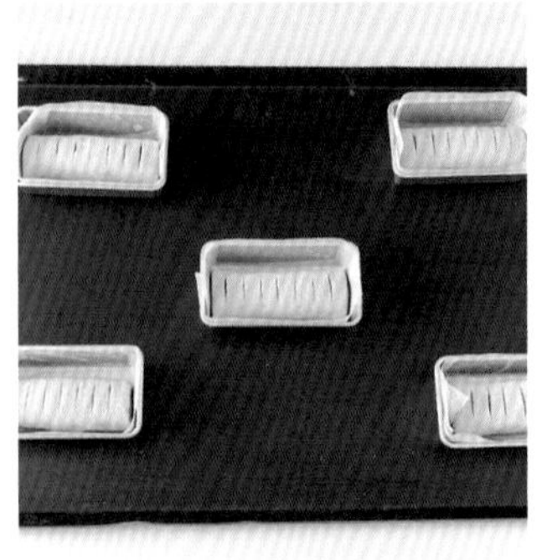

21.

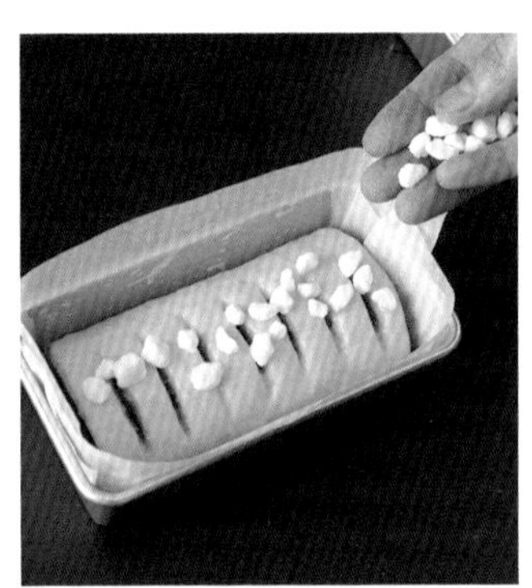

22.

23.

24.

18. 捲到最後，在桌面反覆滾動，將麵團捲起後搓長至 60-65 公分，把前端約 1 公分的地方切除，邊緣修整齊。

最後的收口處記得要朝下。

切割烘烤

19. 接著以 12 公分為一等份切 5 個長條型，每個麵團重量約 120-125 公克。

20. 接著用小刀在 5 個麵團上分別切割 5-7 刀。

21. 即可將肉桂捲麵團放入已經鋪好烘焙紙的長 13 公分、寬 6 公分、高 4 公分的鐵模中進行最後發酵，時間大約 60 分鐘。

22. 最後發酵完成後，將麵團刷上蛋液，表面撒上珍珠糖粒。

23. 放入已經預熱到上火 175°C，下火 165°C的烤箱中進行烘焙，時間大約 25-30 分鐘。

烤箱事先預熱可以讓麵團在穩定的溫度傳達到內部來進行熟化，這樣就不會出現內外熟度不均，或者表面出現燒焦的情況，所以確實做好事先預熱，讓失敗機率大大降低。

24. 麵包出爐後，取出、脫模放涼即完成。

千層肉桂捲

以裹油千層麵包的手法製作肉桂捲
是近年來最具有特色的呈現手法
肉桂奶油餡經由高溫的烘烤融化後
味道會與千層麵糰結合的更入味
形成外層酥脆內在柔軟的嶄新味覺體驗

製作分量

20 個
【一個 35-40g】

麵團材料

高筋麵粉	200g
低筋麵粉	100g
精鹽	6g
細砂糖	20g
乾酵母	5g
牛奶	95g
奶油	30g
純水	55g
裹入奶油	100g

肉桂餡材料

奶油	95g
香草糖	30g
肉桂粉	12g
黑糖粉	65g
楓糖漿	5g

使用模具

直徑 5.5 公分
高 4 公分的鐵模 20 個

麵團攪拌

01.

02.

03.

04.

05.

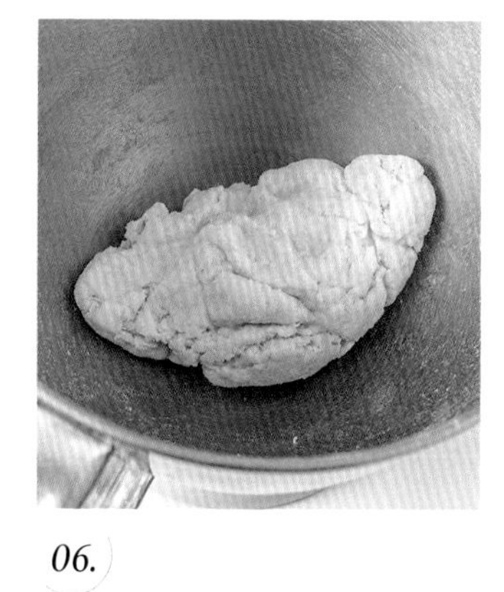

06.

Directions

工法步驟

麵團攪拌

01. 攪拌盆中先放入乾性材料，包括在製作前就已經預先秤好的高筋麵粉、低筋麵粉、精鹽、細砂糖、乾酵母。

02. 再倒入濕性材料的全蛋、牛奶，這時攪拌機要裝入鉤狀攪拌棒。

TIP 使用鉤狀攪拌棒，因阻力較大，所以能夠很快速的和成麵團，製作有筋度的麵包麵團用這種最適合。

03. 開始時先以低速，〈或是 1 速〉進行攪拌，攪拌時間大約 3 分鐘，讓麵團慢慢的成團。

TIP 此時不能使用中速，以免鋼盆摩擦生熱，而導致麵團迅速升溫，這樣就會影響麵團發酵。

04. 拾起階段的麵團，是攪拌到粉狀感消失、在逐漸成團中的狀態。

TIP 等攪拌至粉狀感消失、逐漸成團，麵團表面看起來粗糙、呈現一顆一顆的模樣後，即是到達「拾起階段」。

05. 加入室溫奶油，改成 2 速攪拌約 6 分鐘。

TIP 奶油不能太早加入，因為油脂不但會降低酵母的活性，還會抑制筋性的形成，導致攪拌時間變長，麵團溫度升高而難以發酵。

06. 慢慢的讓麵團與奶油融為一體。在這個過程中，可以觀察到麵團成團的情況。

TIP 因為桌上型的攪拌機機型及功率都不一樣，所以這裡只是建議的時間，還是要觀察麵團的實際情況來增減。

冷藏靜置

07.

08.

製作肉桂餡

09.

10.

07. 表面從粗糙到逐漸變得光滑柔軟，原本沾黏的攪拌盆周圍也變得乾淨光亮。到達這個階段，麵團因為產生了筋性，看起來帶有彈性和光澤感，將打好的麵團從鋼盆中取出放到工作檯上。

此時的麵團因為充分混合油脂，看起來更加光滑，也就是俗稱的（手光、盆光、麵團光）三光階段，此時麵團已是完成階段。最後改低速收尾，幫助麵團修復一下，即完成攪拌程序。

冷藏靜置

08. 放入塑膠袋中，放在溫度 30°C、濕度 70 %的環境下，放入冰箱冷藏靜置 1-2 小時。

製作肉桂餡

09. 準備一個乾淨的攪拌鋼，將肉桂餡的材料奶油、香草糖、肉桂粉、黑糖粉、楓糖漿依序放入。

10. 把適合攪打油脂類的球狀攪拌棒裝入攪拌器中，先以慢速將材料混合打勻，將空氣攪打到食材裡，使其更加蓬鬆，直到微打發即完成，再將打好的肉桂餡裝入擠花袋中。

組　　合

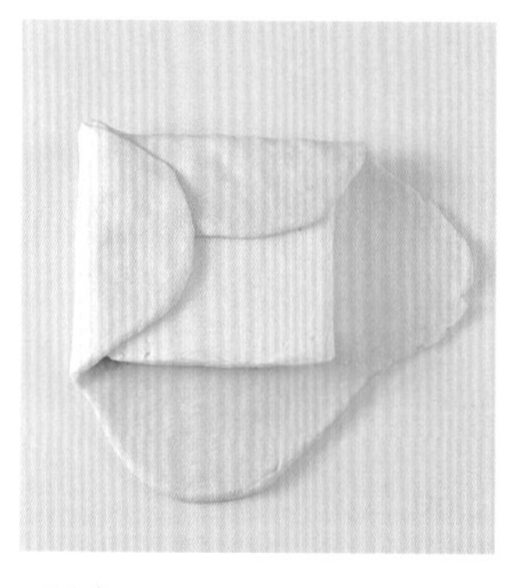

11.

12.

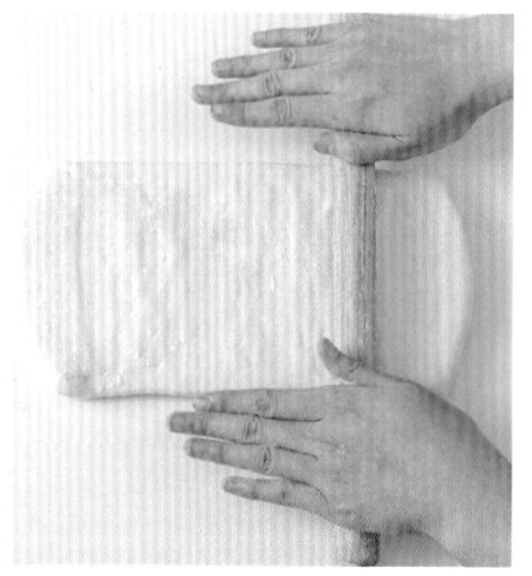

13.

14.

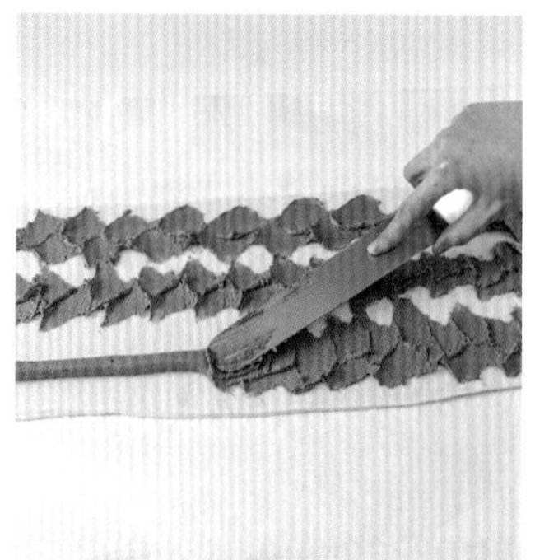

15.

切割烘烤

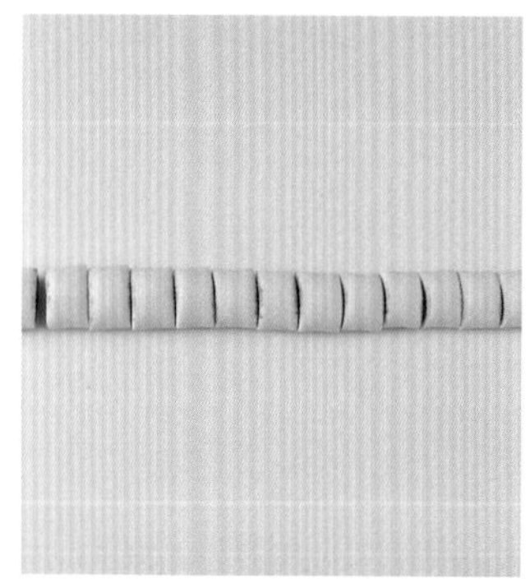

16.

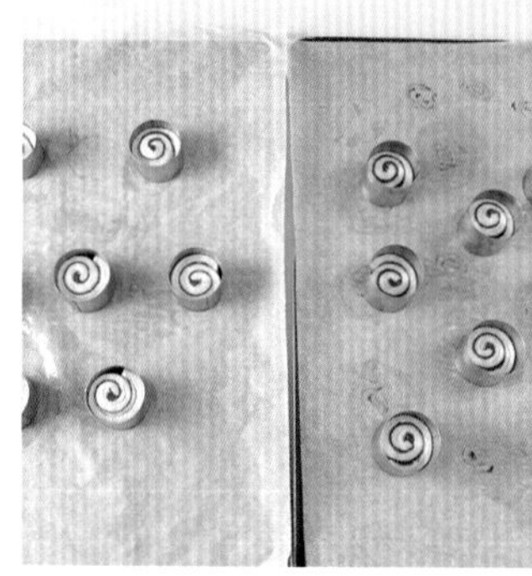

17.

組　合

11. 將已經冷藏 1-2 小時的麵團取出，進行整型，把麵團的中間厚度保留，然後四周圍往外擀成一個十字型，再把奶油塊包進去。

TIP 用擀麵棍從麵團中間往上下擀壓，讓空氣能順利排出。

12. 把四邊擀開的部分往回摺疊，把它做一個完整的包覆。

13. 將麵團延壓至長將麵團尺寸擀開、擀平至長 60 公分，寬 25 公分，厚度 0.3 公分。

14. 接著把麵團做 3 折疊，3 擀開，整型後做最後發酵 1 小時。再將麵團擀開至長 60 公分，寬 25 公分，厚度 0.3 公分。

15. 擠花袋剪一個小洞，並且在擀平的麵皮，上、中、下均勻的擠上三條肉桂餡後抹平，用抹刀把三條餡料往左右抹開，直到肉桂餡佈滿整張麵皮，抹餡時儘量讓厚薄能更一致。將麵團從上方開始往靠近身體的地方慢慢捲起。捲到最後，在桌面反覆滾動，將麵團捲起後搓長至 60-65 公分，把前端約 1 公分的地方切除，邊緣修整齊。

切割烘烤

16. 將麵團切成每個寬度為 3 公分的小麵團，每個麵團重量大約 35-40 公克，大約可以切成 20 個。烤盤上鋪入烘焙紙，將切好的肉桂捲麵團先放入直徑 5.5 公分，高 4 公分的圓鐵模中進行最後發酵，時間大約 60 分鐘。

17. 最後發酵完成，並且先將烤箱預熱好。以上火 185 度，下火 175 度烘焙，烘焙時間 20-35 分鐘。烘焙完成後取下鐵圓模即可，麵包出爐放涼後撒上糖粉即完成。

PART 03

一吃就愛上！美式經典肉桂捲麵團運用與口味變化

CREUSET

白乳酪奶油霜肉桂捲

麵團加入香草莢，帶出高級的香氣
與肉桂餡一起烘烤過後，各自表現出獨特且鮮明的味覺呈現
白乳酪奶油霜大量抹在麵包表面
這就是當今大家所熟悉的美式經典肉桂捲樣貌

製作分量

20 個
【一個 35-40g】

麵團材料

高筋麵粉	260g
精鹽	4g
細砂糖	25g
乾酵母	4g
香草莢醬	5g
全蛋	110g
牛奶	60g
奶油	50g

肉桂餡材料

奶油	95g
香草糖	30g
肉桂粉	10g
黑糖粉	65g

使用模具

直徑 8 公分
高 3 公分的紙模 20 個

白乳酪奶油霜材料

奶油奶酪	100g
奶油	100g
糖粉	60g

麵團攪拌

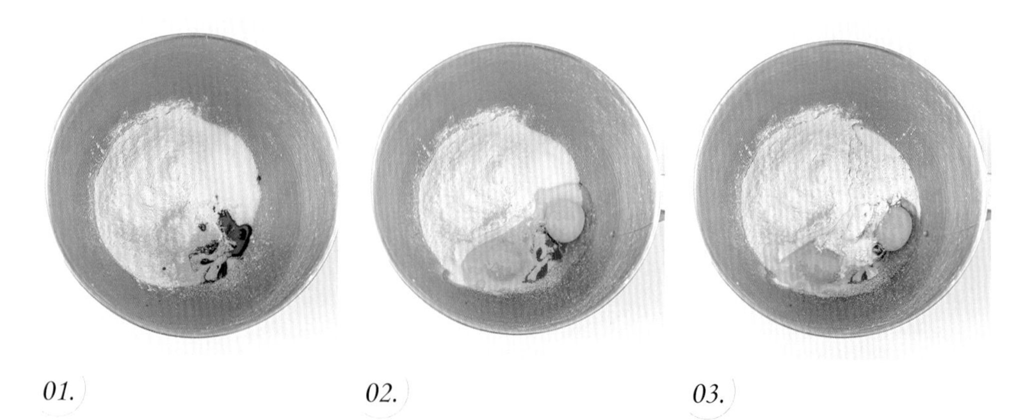

01. 02. 03.

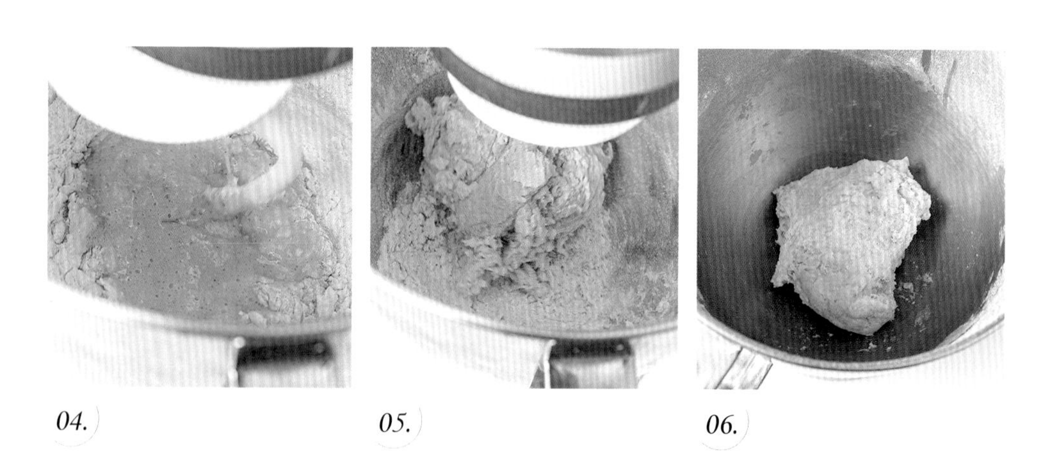

04. 05. 06.

07.

Directions

工法步驟

麵團攪拌

01. 攪拌盆中先放入製作前就已經預先秤好的高筋麵粉、精鹽、細砂糖、乾酵母、香草莢醬。

02. 再倒入濕性材料的全蛋。

03. 再倒入牛奶，這時攪拌機要裝入鉤狀攪拌棒。

TIP 使用鉤狀攪拌棒，因阻力較大，所以能夠很快速的和成麵團，製作有筋度的麵包麵團用這種最適合。

04. 開始時先以低速，〈或是 1 速〉進行攪拌，攪拌時間大約 3 分鐘，讓麵團慢慢的成團。

TIP 此時不能使用中速，以免鋼盆摩擦生熱，而導致麵團迅速升溫，這樣就會影響麵團發酵。

05. 拾起階段的麵團，是攪拌到粉狀感消失。

06. 可以觀察到麵團正在逐漸成團的狀態。

TIP 等攪拌至粉狀感消失、逐漸成團，麵團表面看起來粗糙、呈現一顆一顆的模樣後，即是到達「拾起階段」。

07. 加入室溫奶油，改成 2 速攪拌約 6 分鐘。

TIP 奶油不能太早加入，因為油脂不但會降低酵母的活性，還會抑制筋性的形成，導致攪拌時間變長，麵團溫度升高而難以發酵。

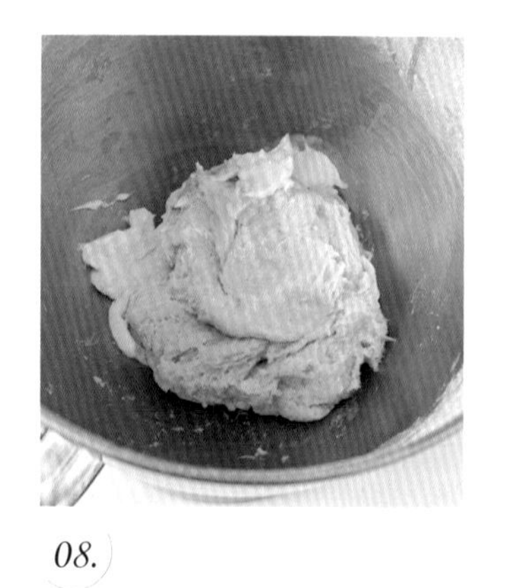

08.

09.

10.

發　　　酵

11.

12.

08. 慢慢的讓麵團與奶油融為一體。在這個過程中，可以觀察到麵團成團的情況。

因為桌上型的攪拌機機型及功率都不一樣，所以這裡只是建議的時間，還是要觀察麵團的實際情況來增減。

09. 表面從粗糙到逐漸變得光滑柔軟，原本沾黏的攪拌盆周圍也變得乾淨光亮。到達這個階段，麵團因為產生了筋性，看起來帶有彈性和光澤感

10. 將打好的麵團從鋼盆中取出放到工作檯上，撒上一些手粉後略微整型，滾圓。

此時的麵團因為充分混合油脂，看起來更加光滑，也就是俗稱的（手光、盆光、麵團光）三光階段，此時麵團已是完成階段。最後改低速收尾，幫助麵團修復一下，即完成攪拌程序。

發　酵

11. 放入塑膠袋中，放在溫度 30°C、濕度 70 %的環境下，做基本發酵 30 分鐘，放入冰箱冷藏 1-2 小時做中間發酵。

12. 可以看到最後發酵好的麵團大約脹大了 2 倍。

依照麵團的不同，需要發酵的次數和時間長短都不太一樣。通常以 3 次為基本，一般來說可分為：攪拌後的「基本發酵」、分割整形後的「中間發酵」、整形或入模後的「最後發酵」。

製作肉桂餡

13.

14.

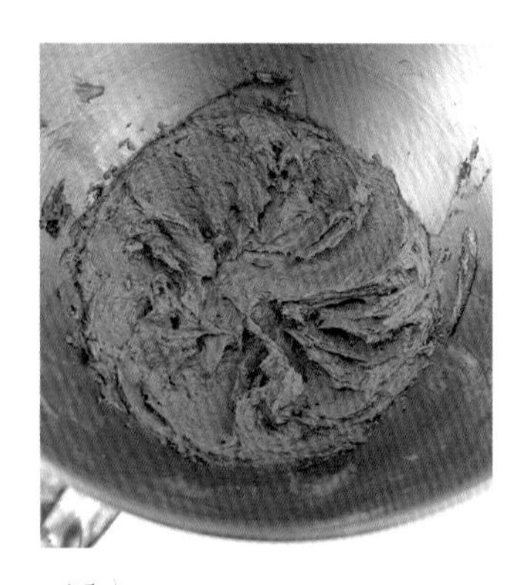

15.

組　合

16.

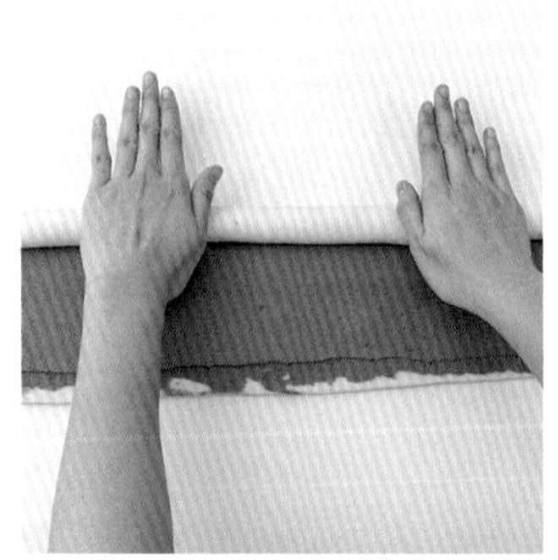

17.

製作肉桂餡

13. 準備一個乾淨的攪拌鋼，將肉桂餡的材料奶油、香草糖、肉桂粉、黑糖粉、依序放入。

14. 把適合攪打油脂類的球狀攪拌棒裝入攪拌器中，先以慢速將材料混合打勻。

15. 將空氣攪打到食材裡，使其更加蓬鬆。直到微打發即完成，再將打好的肉桂餡裝入擠花袋中。

組合

16. 將已經冷藏 1-2 小時的麵團取出，進行整型，先將麵團從中間擀開，再左右擀平到長 60 公分，寬 25 公分，厚度 0.3 公分，在擀平的麵團抹上肉桂餡，

用擀麵棍從麵團中間往上下擀壓，讓空氣能順利排出。

擠花袋剪一個小洞，並且在擀平的麵皮，上、中、下均勻的擠上三條肉桂餡。接著用抹刀把三條餡料一一往左右抹開，直到肉桂餡佈滿整張麵皮，抹餡時儘量讓厚薄能更一致。

17. 將麵團從上方開始往靠近身體的地方慢慢捲起，捲到最後，在桌面反覆滾動，將麵團捲起後搓長至 60-65 公分，把前端約 1 公分的地方切除，邊緣修整齊。

TIP 在捲的過程當中，要避免過於鬆散，但也不能捲得太緊實，以免在烘烤的過程中發生爆餡的情況。

切割烘烤

18.

19.

20.

21.

22.

23.

24.

25.

26.

切割烘烤

18. 將麵團切成每個寬度為 3 公分的小麵團，每個麵團重量大約 35-40 公克，大約可以切成 20 個。

19. 將捲好的肉桂捲麵團放入直徑 8 公分、高 3 公分的紙模中，一一排入烤盤中進行最後發酵，時間大約 60 分鐘。

20. 在每個發酵好的肉桂捲麵團上，均勻的刷上蛋液。

21. 放入已經預熱到上火 175°C，下火 165°C的烤箱中進行烘焙，時間大約 20-25 分鐘。

烤箱事先預熱可以讓麵團在穩定的溫度傳達到內部來進行熟化，這樣就不會出現內外熟度不均，或者表面出現燒焦的情況，所以確實做好事先預熱，讓失敗機率大大降低。

22. 出爐後，取出、放涼。

23. 在等待麵包變涼的時候，可以製作白乳酪奶油霜。作法是把奶油奶酪、奶油、糖粉、一起放入攪拌鋼。

24. 所有材料攪拌均勻，打至微發即完成，裝入擠花袋中，並在前端剪一個小洞。

25. 在放涼的肉桂捲上，一一以畫圈的方式擠上適量的白乳酪奶油霜。

26. 最後在上面篩上適量的糖粉後即完成。

LE CREUSET

香草蘋果肉桂捲

將蜜蘋果放入麵糰中烘烤
讓香草蘋果、肉桂、三者的味道充滿圍繞著整個麵包
美式肉桂捲的經典詮釋再升級

製作分量

20 個
【一個 35-40g】

麵團材料

高筋麵粉	260g
精鹽	4g
細砂糖	25g
乾酵母	4g
香草莢醬	5g
全蛋	110g
牛奶	60g
奶油	50g

肉桂餡材料

奶油	95g
香草糖	30g
肉桂粉	10g
黑糖粉	65g

使用模具

直徑 8 公分
高 3 公分的紙模 20 個

蜜蘋果丁材料

蘋果丁	300g
海鹽	3g
細砂糖	100g
香草莢醬	5g

麵團攪拌

01.

02.

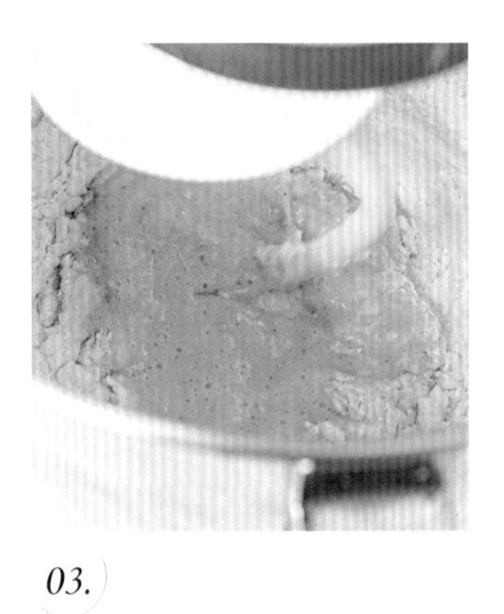

03.

04.

05.

06.

Directions

工法步驟

麵團攪拌

01. 攪拌盆中先放入製作前就已經預先秤好的高筋麵粉、精鹽、細砂糖、乾酵母、香草莢醬。

02. 再倒入濕性材料的全蛋、牛奶，這時攪拌機要裝入鉤狀攪拌棒。

TIP 使用鉤狀攪拌棒，因阻力較大，所以能夠很快速的和成麵團，製作有筋度的麵包麵團用這種最適合。

03. 開始時先以低速，〈或是 1 速〉進行攪拌，攪拌時間大約 3 分鐘，讓麵團慢慢的成團。

TIP 此時不能使用中速，以免鋼盆摩擦生熱，而導致麵團迅速升溫，這樣就會影響麵團發酵。

04. 拾起階段的麵團，是攪拌到粉狀感消失，可以觀察到麵團正在逐漸成團的狀態。

TIP 等攪拌至粉狀感消失、逐漸成團，麵團表面看起來粗糙、呈現一顆一顆的模樣後，即是到達「拾起階段」。

05. 加入室溫奶油，改成 2 速攪拌約 6 分鐘。

TIP 奶油不能太早加入，因為油脂不但會降低酵母的活性，還會抑制筋性的形成，導致攪拌時間變長，麵團溫度升高而難以發酵。

06. 慢慢的讓麵團與奶油融為一體。在這個過程中，可以觀察到麵團成團的情況。

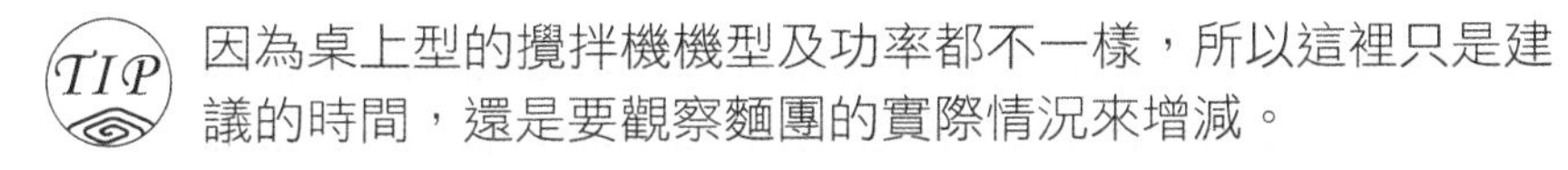
TIP 因為桌上型的攪拌機機型及功率都不一樣，所以這裡只是建議的時間，還是要觀察麵團的實際情況來增減。

07.

08.

09.

製作肉桂餡

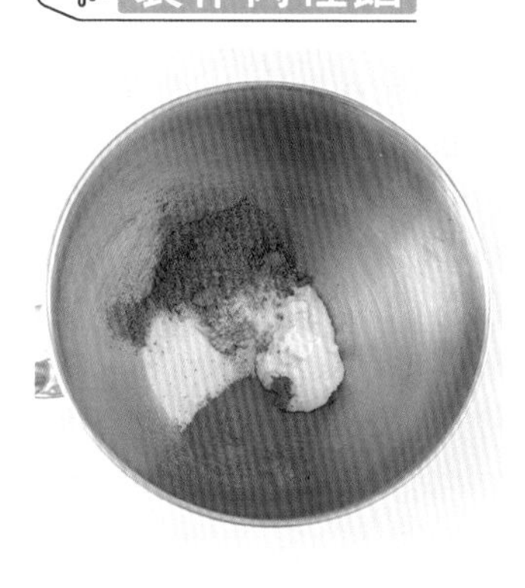

10.

11.

12.

07. 表面從粗糙到逐漸變得光滑柔軟，原本沾黏的攪拌盆周圍也變得乾淨光亮。到達這個階段，麵團因為產生了筋性，看起來帶有彈性和光澤感，將打好的麵團從鋼盆中取出放到工作檯上，撒上一些手粉後略微整型，滾圓。

此時的麵團因為充分混合油脂，看起來更加光滑，也就是俗稱的（手光、盆光、麵團光）三光階段，此時麵團已是完成階段。最後改低速收尾，幫助麵團修復一下，即完成攪拌程序。

發　酵

08. 放入塑膠袋中，放在溫度 30°C、濕度 70 %的環境下，做基本發酵 30 分鐘，放入冰箱冷藏 1-2 小時做中間發酵。

09. 可以看到最後發酵好的麵團大約脹大了 2 倍。

依照麵團的不同，需要發酵的次數和時間長短都不太一樣。通常以 3 次為基本，一般來說可分為：攪拌後的「基本發酵」、分割整形後的「中間發酵」、整形或入模後的「最後發酵」。

製作肉桂餡

10. 準備一個乾淨的攪拌鋼，將肉桂餡的材料奶油、香草糖、肉桂粉、黑糖粉、依序放入。

11. 把適合攪打油脂類的球狀攪拌棒裝入攪拌器中，先以慢速將材料混合打勻。

12. 將空氣攪打到食材裡，使其更加蓬鬆。直到微打發即完成，再將打好的肉桂餡裝入擠花袋中。

製作蜜蘋果丁

13.

14.

組　合

15.

16.

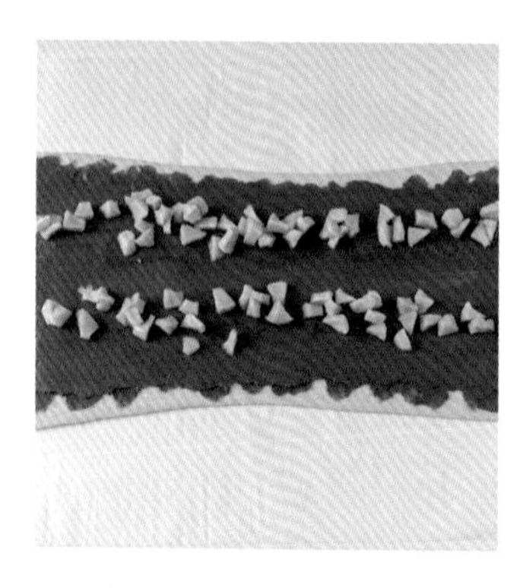

17.

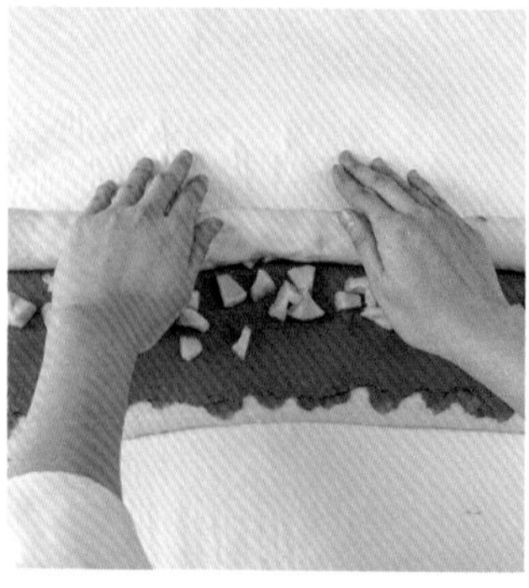

18.

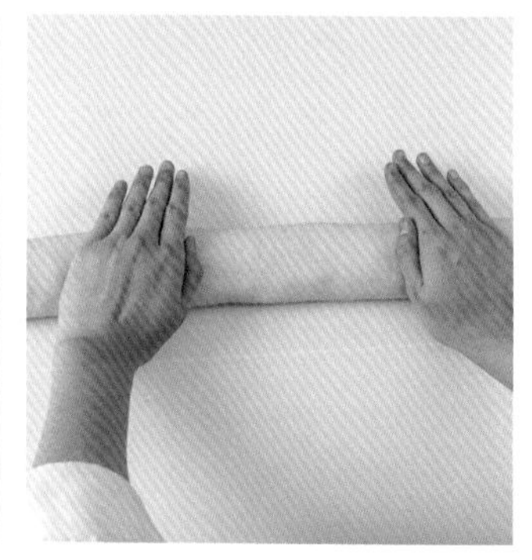

19.

製作蜜蘋果丁

13. 接著製作蜜蘋果丁，作法是將蘋果丁、海鹽、細砂糖、香草莢醬拌均勻。

14. 用預熱好的烤箱，以均溫 150 度烘焙 30 分鐘，放涼即可備用。

組　合

15. 將已經冷藏 1-2 小時的麵團取出，進行整型，先將麵團從中間擀開，再左右擀平到長 60 公分，寬 25 公分，厚度 0.3 公分。

用擀麵棍從麵團中間往上下擀壓，讓空氣能順利排出。

16. 擠花袋剪一個小洞，並且在擀平的麵皮，上、中、下均勻的擠上三條肉桂餡。接著用抹刀把三條餡料一一往左右抹開，直到肉桂餡佈滿整張麵皮，放上蘋果丁。

17. 把蘋果丁集中成兩排，直到把餡料佈滿整張麵皮。

18. 將麵團從上方開始往靠近身體的地方慢慢捲起，捲到最後。

19. 在桌面反覆滾動，將麵團捲起後搓長至 60-65 公分，把前端約 1 公分的地方切除，邊緣修整齊。

在捲的過程當中，要避免過於鬆散，但也不能捲得太緊實，以免在烘烤的過程中發生爆餡的情況。

切割烘烤

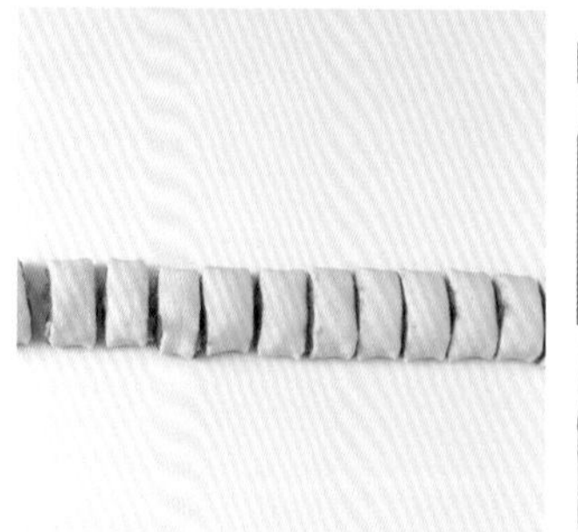

20.

21.

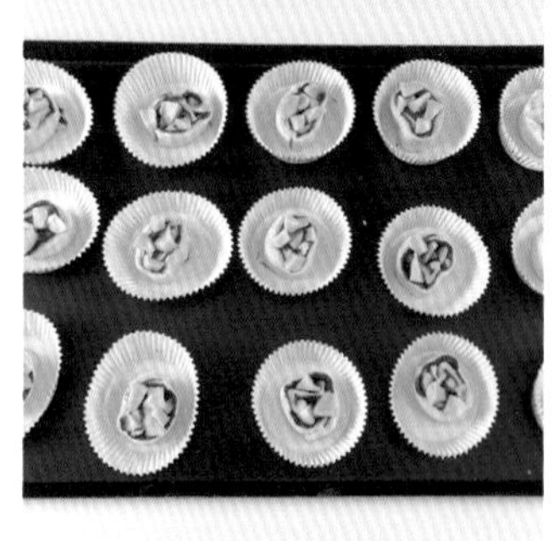

22.

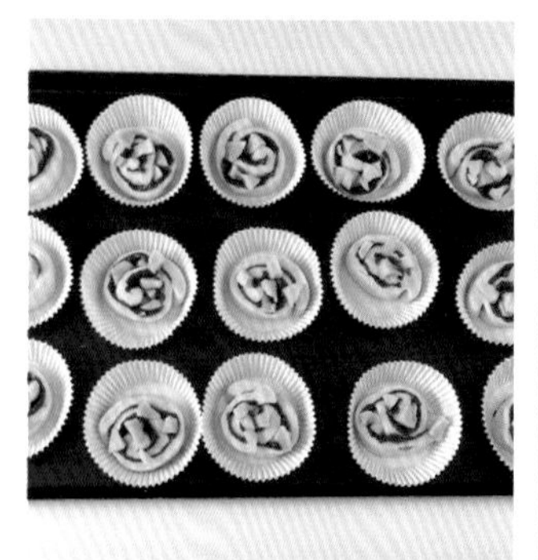

23.

24.

25.

切割烘烤

20. 將麵團切成每個寬度為 3 公分的小麵團，每個麵團重量大約 35-40 公克，大約可以切成 20 個。

21. 將切好的肉桂捲麵團放入直徑 8 公分、高 3 公分的紙模中，一一排入烤盤中，表面再放入適量的蘋果丁。

22. 全部的肉桂捲都放上適量的蘋果丁後，進行最後發酵，時間大約 60 分鐘，發酵即完成

23. 放入已經預熱到上火 175°C，下火 165°C的烤箱中進行烘焙，時間大約 20-25 分鐘。

烤箱事先預熱可以讓麵團在穩定的溫度傳達到內部來進行熟化，這樣就不會出現內外熟度不均，或者表面出現燒焦的情況，所以確實做好事先預熱，讓失敗機率大大降低。

24. 麵包出爐後，取出。

25. 一一刷上香草糖漿，放涼後，再均勻的篩上適量的糖粉即完成。

太妃糖肉桂捲

使用甜菜糖，甜菜糖是由甜菜根中的糖汁經加熱濃縮後
再結晶而成，使用甜菜糖製作麵糰
讓麵包具有獨特焦糖香氣
結合慢火熬煮過的海鹽太妃糖醬
這樣的風味肉桂捲，誰能拒絕呢

製作分量

20 個
【一個 35-40g】

麵團材料

高筋麵粉	260g
精鹽	4g
細砂糖	25g
乾酵母	5g
甜菜糖	30g
全蛋	110g
牛奶	60g
奶油	50g

肉桂餡材料

奶油	95g
香草糖	30g
肉桂粉	10g
黑糖粉	65g

使用模具

直徑 8 公分
高 3 公分的紙模 20 個

太妃糖醬材料

細砂糖	120g
動物性鮮奶油	120g
海鹽	1g

麵團攪拌

01.

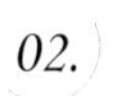

02.

03.

04.

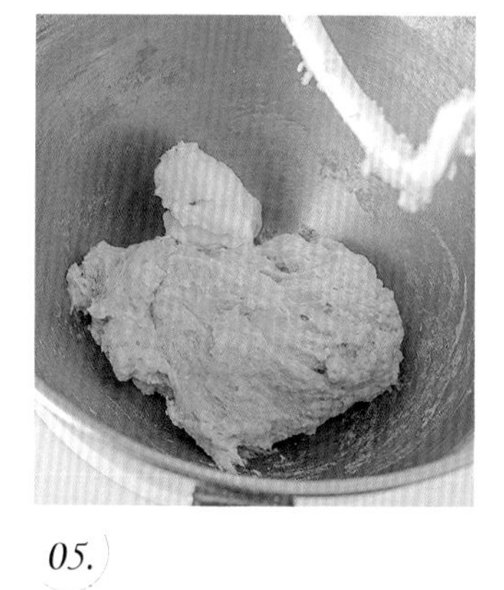

05.

06.

Directions

工法步驟

麵團攪拌

01. 攪拌盆中先放入製作前就已經預先秤好的高筋麵粉、精鹽、細砂糖、乾酵母、香草莢醬。

02. 再倒入濕性材料的全蛋、牛奶，這時攪拌機要裝入鉤狀攪拌棒。

TIP 使用鉤狀攪拌棒，因阻力較大，所以能夠很快速的和成麵團，製作有筋度的麵包麵團用這種最適合。

03. 開始時先以低速，〈或是 1 速〉進行攪拌，攪拌時間大約 3 分鐘，讓麵團慢慢的成團。

TIP 此時不能使用中速，以免鋼盆摩擦生熱，而導致麵團迅速升溫，這樣就會影響麵團發酵。

04. 拾起階段的麵團，是攪拌到粉狀感消失，可以觀察到麵團正在逐漸成團的狀態。

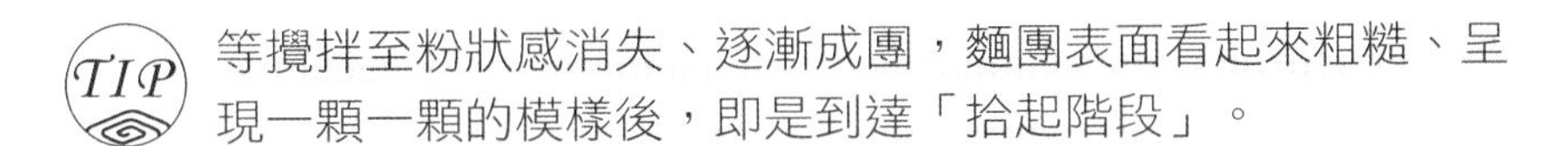

TIP 等攪拌至粉狀感消失、逐漸成團，麵團表面看起來粗糙、呈現一顆一顆的模樣後，即是到達「拾起階段」。

05. 加入室溫奶油，改成 2 速攪拌約 6 分鐘。

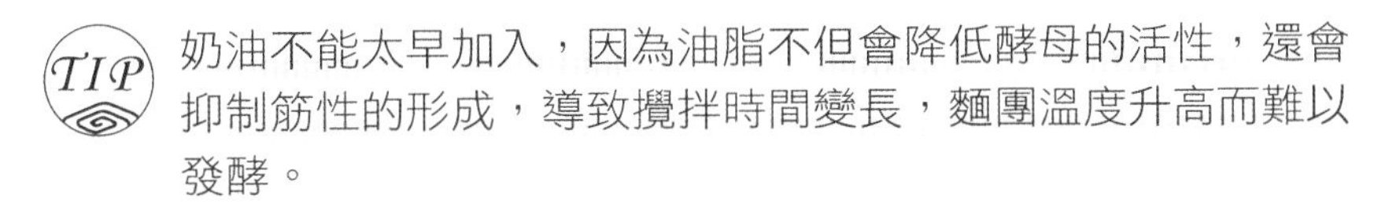

TIP 奶油不能太早加入，因為油脂不但會降低酵母的活性，還會抑制筋性的形成，導致攪拌時間變長，麵團溫度升高而難以發酵。

06. 慢慢的讓麵團與奶油融為一體。在這個過程中，可以觀察到麵團成團的情況。

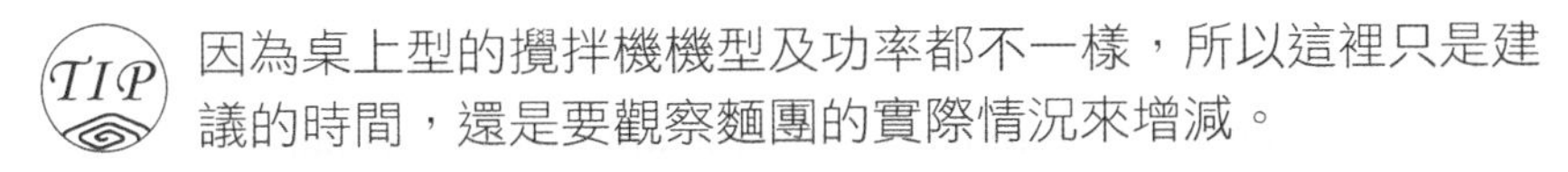

TIP 因為桌上型的攪拌機機型及功率都不一樣，所以這裡只是建議的時間，還是要觀察麵團的實際情況來增減。

07.

08.

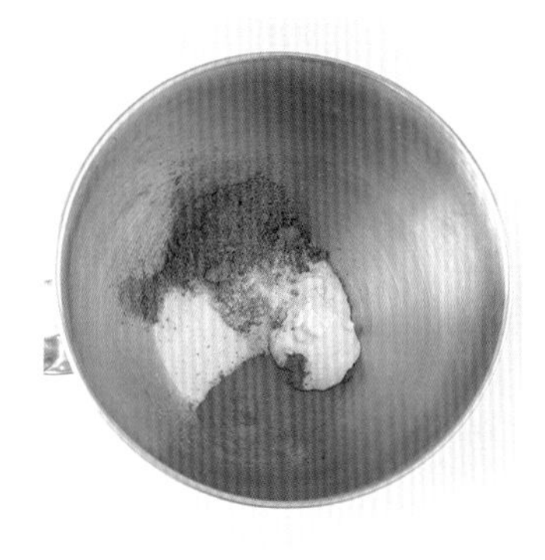

09.

10.

11.

07. 表面從粗糙到逐漸變得光滑柔軟，原本沾黏的攪拌盆周圍也變得乾淨光亮。到達這個階段，麵團因為產生了筋性，看起來帶有彈性和光澤感，將打好的麵團從鋼盆中取出放到工作檯上，撒上一些手粉後略微整型，滾圓。

此時的麵團因為充分混合油脂，看起來更加光滑，也就是俗稱的（手光、盆光、麵團光）三光階段，此時麵團已是完成階段。最後改低速收尾，幫助麵團修復一下，即完成攪拌程序。

發　酵

08. 放入塑膠袋中，放在溫度 30°C、濕度 70 %的環境下，做基本發酵 30 分鐘，放入冰箱冷藏 1-2 小時做中間發酵，可以看到最後發酵好的麵團大約脹大了 2 倍。

依照麵團的不同，需要發酵的次數和時間長短都不太一樣。通常以 3 次為基本，一般來說可分為：攪拌後的「基本發酵」、分割整形後的「中間發酵」、整形或入模後的「最後發酵」。

製作肉桂餡

09. 準備一個乾淨的攪拌鋼，將肉桂餡的材料奶油、香草糖、肉桂粉、黑糖粉、依序放入。

10. 把適合攪打油脂類的球狀攪拌棒裝入攪拌器中，先以慢速將材料混合打勻。

11. 將空氣攪打到食材裡，使其更加蓬鬆。直到微打發即完成，再將打好的肉桂餡裝入擠花袋中。

製作太妃糖醬

12. 13. 14.

組合

15. 16. 17.

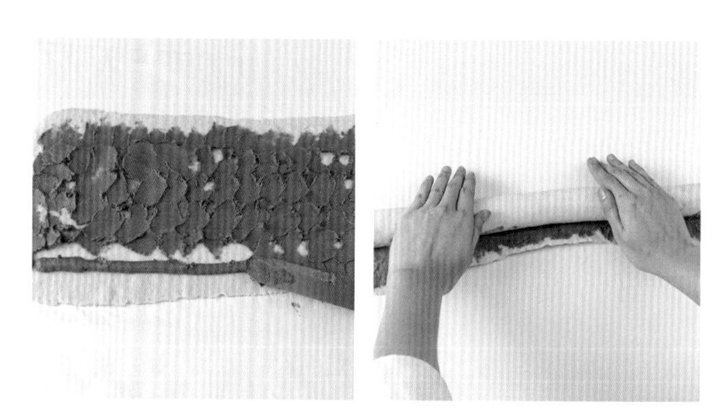

18.

製作太妃糖醬

12. 準備好做太妃糖的材料，先把海鹽跟細砂糖秤好，倒入銅鍋中，再準備好另一個鍋子，裝入動物性鮮奶油。

13. 先把銅鍋裡的細砂糖、海鹽煮焦。

14. 加入動物性鮮奶油拌均勻。

15. 再次拌均勻後煮至沸騰即可，放涼後備用。

組　　合

16. 將已經冷藏 1-2 小時的麵團取出，進行整型，先將麵團從中間擀開，再左右擀平到長 60 公分，寬 25 公分，厚度 0.3 公分。

TIP 用擀麵棍從麵團中間往上下擀壓，讓空氣能順利排出。

17. 擠花袋剪一個小洞，並且在擀平的麵皮，均勻的擠上肉桂餡。接著用抹刀把餡料一一往左右抹開，直到肉桂餡佈滿整張麵皮。

18. 將麵團從上方開始往靠近身體的地方慢慢捲起，捲到最後，在桌面反覆滾動，將麵團捲起後搓長至 60-65 公分，把前端約 1 公分的地方切除，邊緣修整齊。

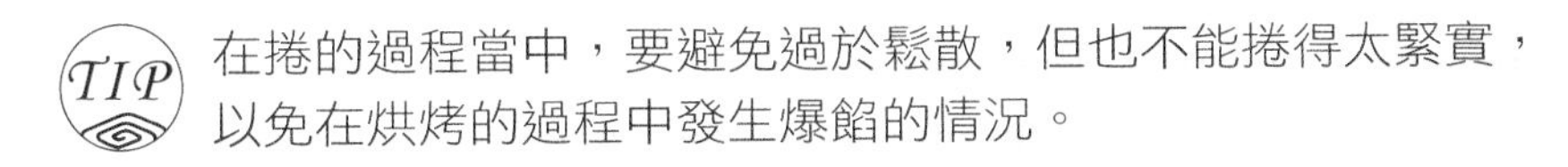

TIP 在捲的過程當中，要避免過於鬆散，但也不能捲得太緊實，以免在烘烤的過程中發生爆餡的情況。

切割烘烤

19.

20.

21.

22.

23.

24.

25.

切割烘烤

19. 將麵團切成每個寬度為 3 公分的小麵團，每個麵團重量大約 35-40 公克，大約可以切成 20 個。

20. 在直徑 8 公分、高 3 公分的紙模中，擠入 5 公克的太妃糖醬，排入烤盤中。

21. 接著將 20 個切好的麵團一一放入紙模中，再進行最後發酵。

22. 在發酵好的肉桂捲上，刷上適量的蛋液。

23. 放入已經預熱到上火 175°C，下火 165°C的烤箱中進行烘焙，時間大約 20-25 分鐘。

烤箱事先預熱可以讓麵團在穩定的溫度傳達到內部來進行熟化，這樣就不會出現內外熟度不均，或者表面出現燒焦的情況，所以確實做好事先預熱，讓失敗機率大大降低。

24. 麵包出爐後，取出，倒扣。

25. 再一一均勻的擠上太妃糖醬即完成。

胡桃糖霜肉桂捲

能與肉桂奶油餡搭配的堅果
使用較多的是胡桃與核桃，使用糖霜胡桃包入內餡
烘烤後搭配些許檸檬糖霜
肉桂奶油餡與糖霜胡桃酥脆的口感相得益彰

製作分量

20 個
【一個 35-40g】

麵團材料

高筋麵粉	260g
精鹽	5g
乾酵母	5g
甜菜糖	30g
全蛋	110g
牛奶	60g
奶油	50g

肉桂餡材料

奶油	95g
香草糖	30g
肉桂粉	10g
黑糖粉	65g

使用模具

直徑 8 公分
高 3 公分的紙模 20 個

糖霜胡桃材料

胡桃	100g
細砂糖	100g
純水	15g
精鹽	2g

檸檬糖霜材料

檸檬汁	25g
糖粉	100g

麵團攪拌

01.

02.

03.

04.

05.

06.

Directions

工法步驟

麵團攪拌

01. 攪拌盆中先放入製作前就已經預先秤好的高筋麵粉、精鹽、甜菜糖、乾酵母。

02. 再倒入濕性材料的全蛋、牛奶，這時攪拌機要裝入鉤狀攪拌棒。

TIP 使用鉤狀攪拌棒，因阻力較大，所以能夠很快速的和成麵團，製作有筋度的麵包麵團用這種最適合。

03. 開始時先以低速，〈或是 1 速〉進行攪拌，攪拌時間大約 3 分鐘，讓麵團慢慢的成團。

TIP 此時不能使用中速，以免鋼盆摩擦生熱，而導致麵團迅速升溫，這樣就會影響麵團發酵。

04. 拾起階段的麵團，是攪拌到粉狀感消失，可以觀察到麵團正在逐漸成團的狀態。

TIP 等攪拌至粉狀感消失、逐漸成團，麵團表面看起來粗糙、呈現一顆一顆的模樣後，即是到達「拾起階段」。

05. 加入室溫奶油，改成 2 速攪拌約 6 分鐘。

TIP 奶油不能太早加入，因為油脂不但會降低酵母的活性，還會抑制筋性的形成，導致攪拌時間變長，麵團溫度升高而難以發酵。

06. 慢慢的讓麵團與奶油融為一體。在這個過程中，可以觀察到麵團成團的情況。

TIP 因為桌上型的攪拌機機型及功率都不一樣，所以這裡只是建議的時間，還是要觀察麵團的實際情況來增減。

發　酵

07.

08.

製作肉桂餡

09.

10.

11.

07. 表面從粗糙到逐漸變得光滑柔軟，原本沾黏的攪拌盆周圍也變得乾淨光亮。到達這個階段，麵團因為產生了筋性，看起來帶有彈性和光澤感，將打好的麵團從鋼盆中取出放到工作檯上，撒上一些手粉後略微整型，滾圓。

此時的麵團因為充分混合油脂，看起來更加光滑，也就是俗稱的（手光、盆光、麵團光）三光階段，此時麵團已是完成階段。最後改低速收尾，幫助麵團修復一下，即完成攪拌程序。

發　　酵

08. 放入塑膠袋中，放在溫度 30°C、濕度 70 %的環境下，做基本發酵 30 分鐘，放入冰箱冷藏 1-2 小時做中間發酵，可以看到最後發酵好的麵團大約脹大了 2 倍。

依照麵團的不同，需要發酵的次數和時間長短都不太一樣。通常以 3 次為基本，一般來說可分為：攪拌後的「基本發酵」、分割整形後的「中間發酵」、整形或入模後的「最後發酵」。

製作肉桂餡

09. 準備一個乾淨的攪拌鋼，將肉桂餡的材料奶油、香草糖、肉桂粉、黑糖粉、依序放入。

10. 把適合攪打油脂類的球狀攪拌棒裝入攪拌器中，先以慢速將材料混合打勻。

11. 將空氣攪打到食材裡，使其更加蓬鬆。直到微打發即完成，再將打好的肉桂餡裝入擠花袋中。

製作檸檬糖霜

12.

13.

製作糖霜胡桃

14.

15.

16.

17.

組合

18.

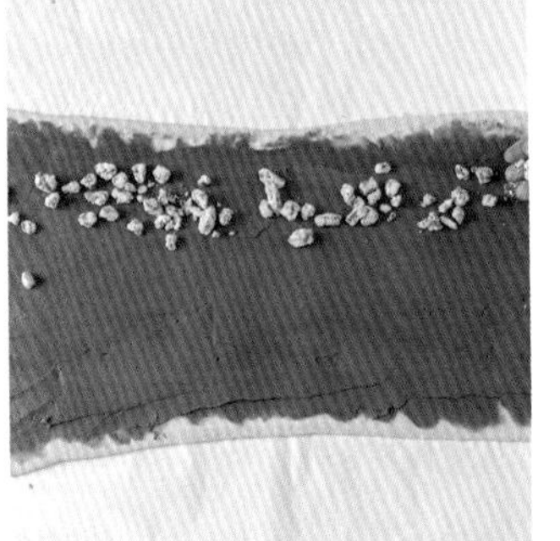

19.

製作檸檬糖霜

12. 將檸檬糖霜的材料，檸檬汁與糖粉放入容器中。

13. 充分拌均勻即完成。

製作糖霜胡桃

14. 準備好糖霜胡桃的材料。

15. 將細砂糖、精鹽、純水放入煮鍋中，煮至溫度 124 度。

16. 接著離火加入切碎胡桃拌均勻。

17. 讓糖霜充分裹上胡桃表面即完成。

組　　合

18. 將已經冷藏 1-2 小時的麵團取出，進行整型，先將麵團從中間擀開，再左右擀平到長 60 公分，寬 25 公分，厚度 0.3 公分，均勻的擠上肉桂餡。接著用抹刀把餡料一一往左右抹開，直到肉桂餡佈滿整張麵皮。

TIP 用擀麵棍從麵團中間往上下擀壓，讓空氣能順利排出。

19. 再均勻的撒上糖霜胡桃。

切割烘烤

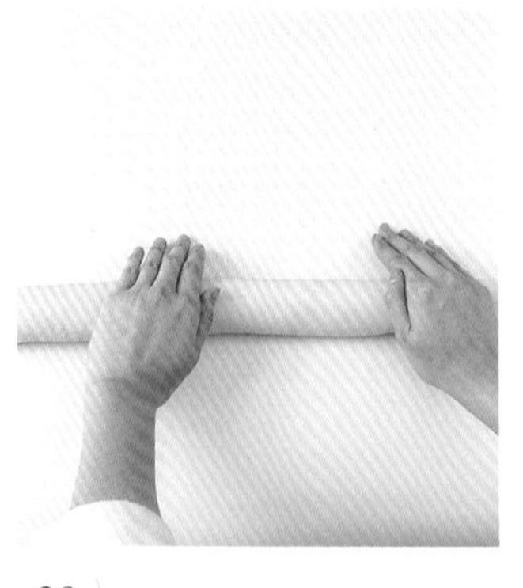

20.

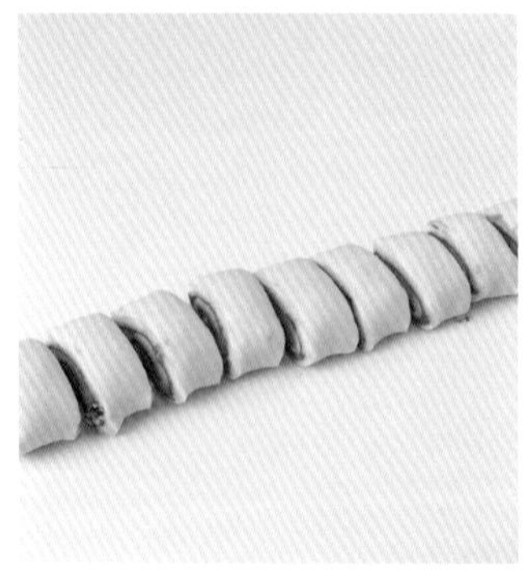

21.

22.

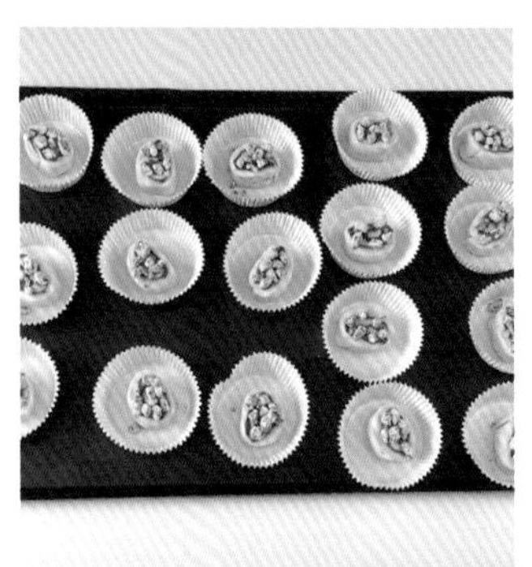

23.

24.

25.

26.

20. 麵團從上方開始往靠近身體的地方慢慢捲起，捲到最後，在桌面反覆滾動，將麵團捲起後搓長至 60-65 公分，把前端約 1 公分的地方切除，邊緣修整齊。

在捲的過程當中，要避免過於鬆散，但也不能捲得太緊實，以免在烘烤的過程中發生爆餡的情況。

切割烘烤

21. 將麵團切成每個寬度為 3 公分的小麵團，每個麵團重量大約 35-40 公克，大約可以切成 20 個。

22. 烤盤中排入直徑 8 公分、高 3 公分的紙模，接著將 20 個切好的麵團一一放入，再放上適量的糖霜胡桃，再進行最後發酵。

23. 最後發酵的時間大約 1 小時。

24. 放入已經預熱到上火 175°C，下火 165°C的烤箱中進行烘焙，時間大約 20-25 分鐘。

烤箱事先預熱可以讓麵團在穩定的溫度傳達到內部來進行熟化，這樣就不會出現內外熟度不均，或者表面出現燒焦的情況，所以確實做好事先預熱，讓失敗機率大大降低。

25. 麵包烤好後，取出。

26. 再一一均勻的擠上檸檬糖霜即完成。

imprecise
corner for a loaf of
explained. We love it so,
master its art. We are
a ringing phone
have to watch the
learning to be
m happy here
"In the medieval world,
and medicine were
Aftel and Daniel
"Little distinctio
of ingredients.
grance and

藍莓果醬肉桂捲

在麵團中加入藍莓果醬，讓麵包帶有藍莓的香氣及風味
烘焙出爐後的肉桂捲再擠上仔細熬煮的藍莓果醬
看似不可能的口味組合
卻有著意想不到的契合

製作分量

20 個
【一個 35-40g】

麵團材料

材料	份量
高筋麵粉	260g
全蛋	110g
精鹽	5g
藍莓果醬	40g
甜菜糖	30g
乾酵母	5g
牛奶	60g
奶油	50g

肉桂餡材料

材料	份量
奶油	95g
香草糖	30g
肉桂粉	10g
黑糖粉	65g

使用模具

直徑 8 公分
高 3 公分的紙模 20 個

藍莓果醬材料

材料	份量
冷凍藍莓粒	100g
藍莓果泥	100g
細砂糖	110g
純水	25g

麵團攪拌

01.　　02.　　03.

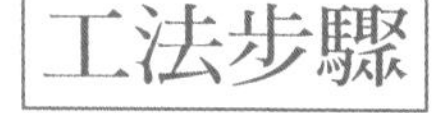

04.

麵團攪拌

01. 攪拌盆中先放入製作前就已經預先秤好的高筋麵粉、精鹽、細砂糖、乾酵母。

02. 再倒入濕性材料的全蛋、牛奶、藍莓果醬，這時攪拌機要裝入鉤狀攪拌棒。

03. 開始時先以低速，〈或是 1 速〉進行攪拌，攪拌時間大約 3 分鐘，讓麵團慢慢的成團。

04. 拾起階段的麵團，是攪拌到粉狀感消失，可以觀察到麵團正在逐漸成團的狀態。加入室溫奶油，改成 2 速攪拌約 6 分鐘。

05.

05. 慢慢的讓麵團與奶油融為一體。在這個過程中，可以觀察到麵團成團的情況。

06.

06. 表面從粗糙到逐漸變得光滑柔軟，原本沾黏的攪拌盆周圍也變得乾淨光亮。到達這個階段，麵團因為產生了筋性，看起來帶有彈性和光澤感，將打好的麵團從鋼盆中取出放到工作檯上，撒上一些手粉後略微整型，滾圓。

發　酵

07.

07. 放入塑膠袋中，放在溫度 30°C、濕度 70 %的環境下，做基本發酵 30 分鐘，放入冰箱冷藏 1-2 小時做中間發酵，可以看到最後發酵好的麵團大約脹大了 2 倍。

依照麵團的不同，需要發酵的次數和時間長短都不太一樣。通常以 3 次為基本，一般來說可分為：攪拌後的「基本發酵」、分割整形後的「中間發酵」、整形或入模後的「最後發酵」。

製作肉桂餡

製作肉桂餡

08.

08. 準備一個乾淨的攪拌鋼，將肉桂餡的材料奶油、香草糖、肉桂粉、黑糖粉、依序放入，並把適合攪打油脂類的球狀攪拌棒裝入攪拌器中，先以慢速將材料混合打勻。

製作藍莓果醬

09.

10.

11.

組合

12.

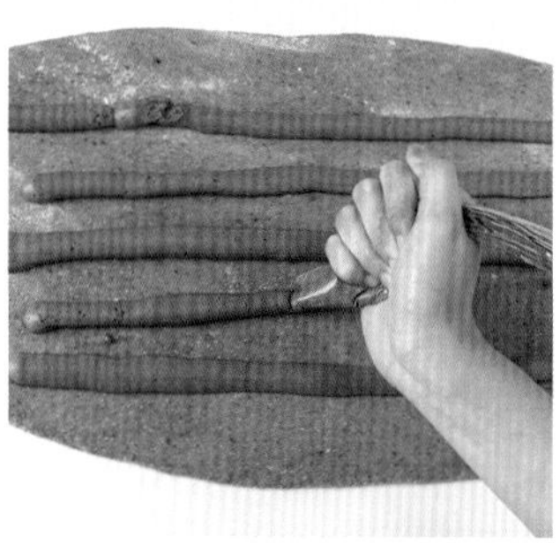

13.

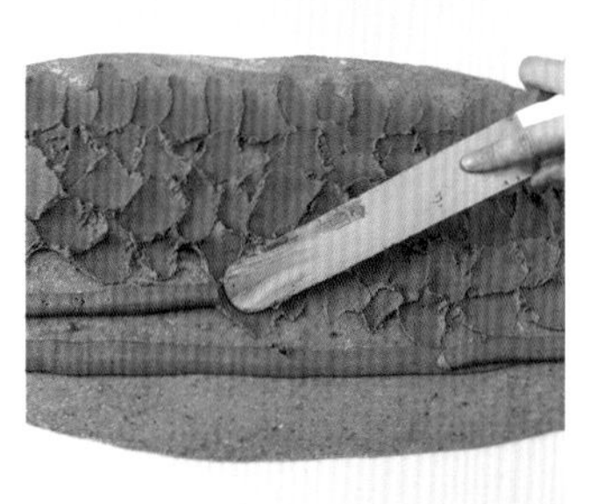

14.

15.

16.

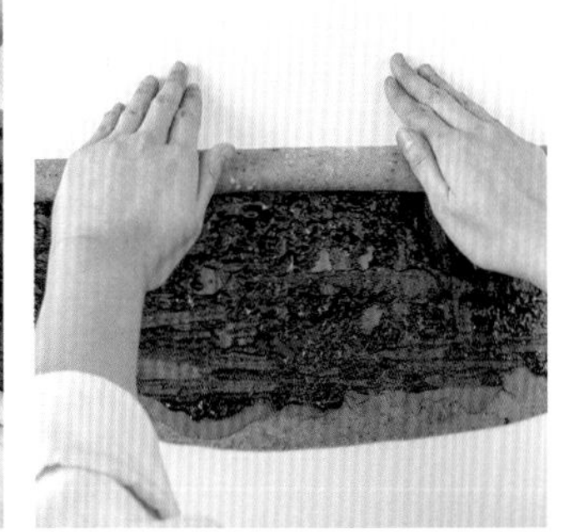

17.

09. 將空氣攪打到食材裡，使其更加蓬鬆。直到微打發即完成，再將打好的肉桂餡裝入擠花袋中。

製作藍莓果醬

10. 將藍莓果醬的材料，冷凍藍莓粒、藍莓果泥、細砂糖、純水放入煮鍋中。

11. 煮至大約 110 度後即可離火，放涼。

12. 裝入擠花袋裡備用。

組　合

13. 將已經冷藏 1-2 小時的麵團取出，進行整型，先將麵團從中間擀開，再左右擀平到長 60 公分，寬 25 公分，厚度 0.3 公分，先均勻的擠上肉桂餡。

用擀麵棍從麵團中間往上下擀壓，讓空氣能順利排出。

14. 並且把肉桂餡抹平，儘量厚薄要一致。

15. 接著再抹上 50 公克的藍莓果醬。

16. 接著用抹刀把餡料一一往左右抹開，直到藍莓果醬佈滿整張麵皮。

17. 抹完藍莓果醬後，從上方開始往靠近身體的地方，慢慢的捲起。

切割烘烤

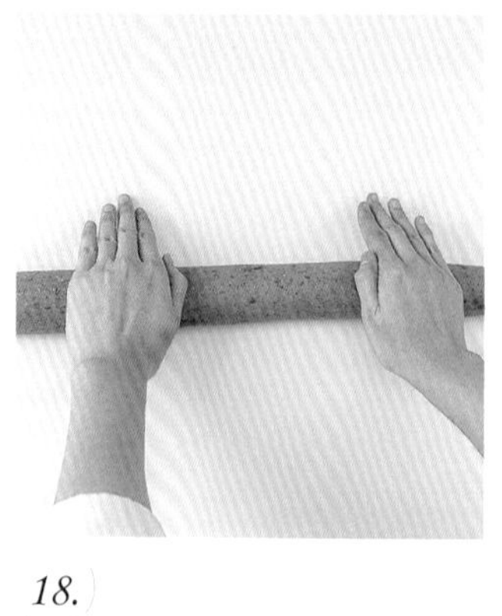

18.

19.

20.

21.

22.

23.

18. 一直捲到最後，在桌面反覆滾動，將麵團捲起後搓長至 60-65 公分，把前端約 1 公分的地方切除，邊緣修整齊。

在捲的過程當中，要避免過於鬆散，但也不能捲得太緊實，以免在烘烤的過程中發生爆餡的情況。

切割烘烤

19. 將麵團切成每個寬度為 3 公分的小麵團，每個麵團重量大約 35-40 公克，大約可以切成 20 個。

20. 烤盤中排入直徑 8 公分、高 3 公分的紙模，接著將 20 個切好的麵團一一放入，再進行最後發酵。

21. 最後發酵的時間大約 1 小時。

22. 放入已經預熱到上火 175°C，下火 165°C的烤箱中進行烘焙，時間大約 20-25 分鐘。

烤箱事先預熱可以讓麵團在穩定的溫度傳達到內部來進行熟化，這樣就不會出現內外熟度不均，或者表面出現燒焦的情況，所以確實做好事先預熱，讓失敗機率大大降低。

23. 麵包出爐放涼。在麵包表面擠上藍莓果醬，最後撒上糖粉即完成。

一吃就上癮！布里歐肉桂捲麵團運用與口味變化

care instruction
bleed in washing. Dry
color may transfer to
wash by washin
30degree water temperatu
mbler; Do not tumble.
ure Dry; recommend dry out of direct sunlight.
oning ; Do not iron this label.
5. Dry-cleaning: Do not dry.
6. Wet cleaning: very soft wet cleaning recommended.
wet cleaning - laundry shops where some
professional do water cleaning and final finish with
sume special washing technology.
DO NOT REMOVE THIS LABEL
produce niko and...

紅酒葡萄乾肉桂捲

紅酒小火煮葡萄乾，讓酒香滲入葡萄乾中
這款麵包的原型為蝸牛形狀的葡萄乾布里歐捲
與上述不同之處在於，這次內餡加入了肉桂奶油餡
表面擠上了檸檬糖霜
讓麵包口感更濕潤，整體味道更豐富

製作分量

20 個
【一個 35-40g】

麵團材料

高筋麵粉	240g
精鹽	3g
細砂糖	50g
乾酵母	5g
紅酒葡萄乾	50g
牛奶	85g
蛋黃	95g
奶油	70g

肉桂餡材料

奶油	95g
香草糖	30g
肉桂粉	10g
黑糖粉	65g

使用模具

直徑 8 公分
高 3 公分的紙模 20 個

紅酒葡萄乾材料

紅酒	150g
葡萄乾	100g
肉桂條	3g

紅酒葡萄乾製作流程：將紅酒、葡萄乾、肉桂條放入煮鍋中，將紅酒煮至收乾，即可放涼備用。

檸檬糖霜材料

檸檬汁	25g
糖粉	100g

檸檬糖霜製作流程：將檸檬汁與糖粉拌均勻即完成。

麵團攪拌

01.

02.

03.

04.

05.

Directions

工法步驟

麵團攪拌

01. 攪拌盆中先放入製作前就已經預先秤好的高筋麵粉、精鹽、細砂糖、乾酵母。

02. 再倒入濕性材料的全蛋、牛奶，這時攪拌機要裝入鉤狀攪拌棒。

TIP 使用鉤狀攪拌棒，因阻力較大，所以能夠很快速的和成麵團，製作有筋度的麵包麵團用這種最適合。

03. 開始時先以低速，〈或是 1 速〉進行攪拌，攪拌時間大約 3 分鐘，讓麵團慢慢的成團。

TIP 此時不能使用中速，以免鋼盆摩擦生熱，而導致麵團迅速升溫，這樣就會影響麵團發酵。

04. 拾起階段的麵團，是攪拌到粉狀感消失，可以觀察到麵團正在逐漸成團的狀態。

TIP 等攪拌至粉狀感消失、逐漸成團，麵團表面看起來粗糙、呈現一顆一顆的模樣後，即是到達「拾起階段」。

05. 加入室溫奶油，改成 2 速攪拌約 6 分鐘。

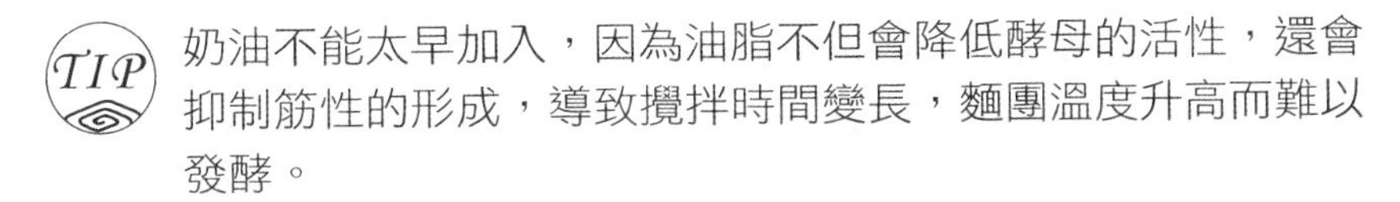

TIP 奶油不能太早加入，因為油脂不但會降低酵母的活性，還會抑制筋性的形成，導致攪拌時間變長，麵團溫度升高而難以發酵。

06.

07.

08.

09.

發　酵

10.

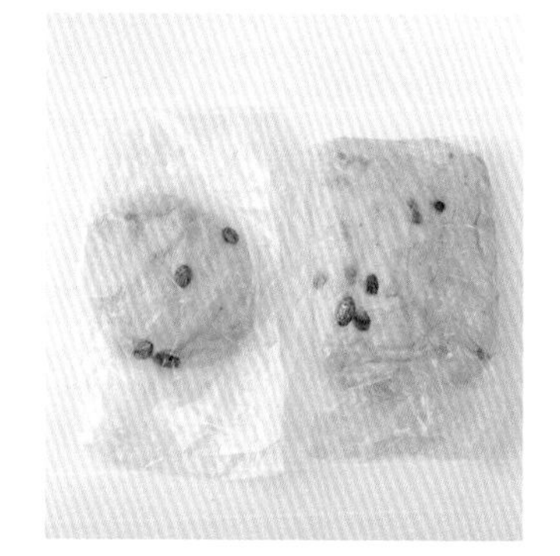

11.

06. 慢慢的讓麵團與奶油融為一體。在這個過程中，可以觀察到麵團成團的情況。

因為桌上型的攪拌機機型及功率都不一樣，所以這裡只是建議的時間，還是要觀察麵團的實際情況來增減。

07. 表面從粗糙到逐漸變得光滑柔軟，原本沾黏的攪拌盆周圍也變得乾淨光亮。到達這個階段，麵團因為產生了筋性，看起來帶有彈性和光澤感。

此時的麵團因為充分混合油脂，看起來更加光滑，也就是俗稱的（手光、盆光、麵團光）三光階段，此時麵團已是完成階段。最後改低速收尾，幫助麵團修復一下，即完成攪拌程序。

08. 將紅酒葡萄乾材料的材料，包括紅酒、葡萄乾、肉桂條一起放入煮鍋中。

09. 將紅酒煮至收乾，即可放涼備用。

10. 將打好的麵團從鋼盆中取出放到工作檯上，撒上一些手粉後略微整型，滾圓，把 1/2 放涼的紅酒葡萄乾放在麵團上，包好、整型。

發　　酵

11. 放入塑膠袋中，放在溫度 30°C、濕度 70 %的環境下，做基本發酵 30 分鐘，放入冰箱冷藏 1-2 小時做中間發酵，可以看到最後發酵好的麵團大約脹大了 2 倍。

依照麵團的不同，需要發酵的次數和時間長短都不太一樣。通常以 3 次為基本，一般來說可分為：攪拌後的「基本發酵」、分割整形後的「中間發酵」、整形或入模後的「最後發酵」。

製作肉桂餡

12.

13.

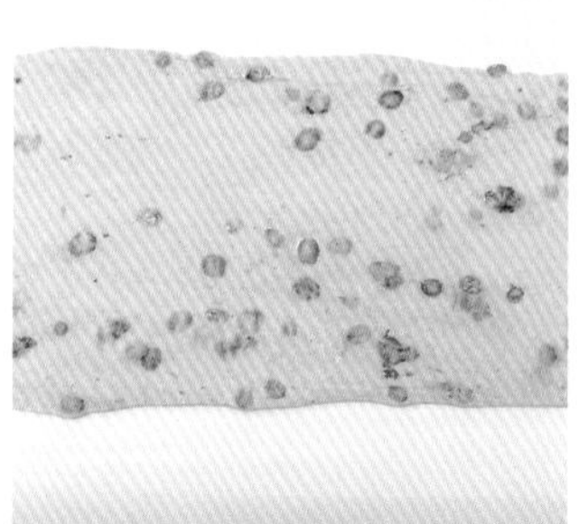

14.

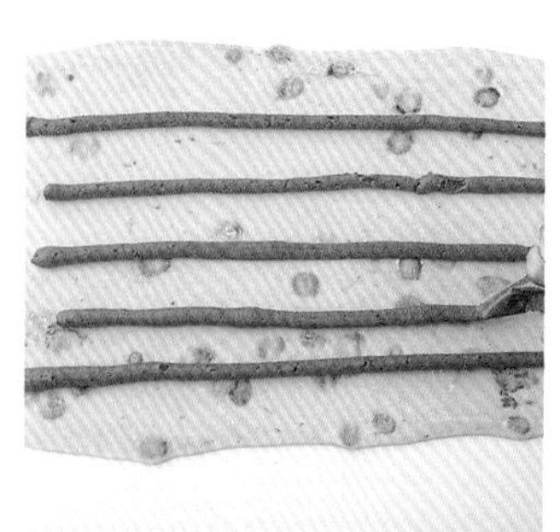

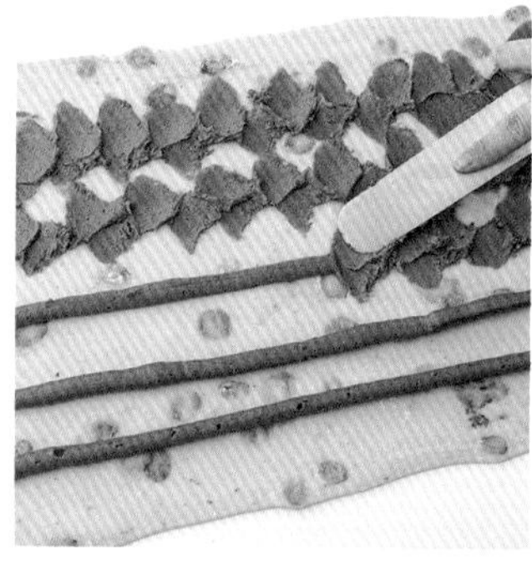

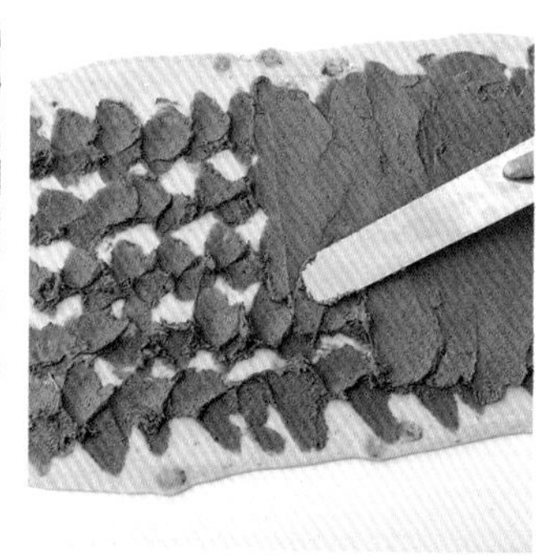

15.

16.

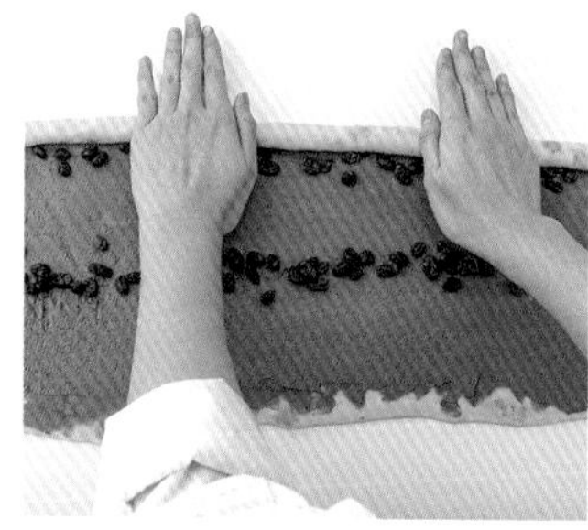

17.

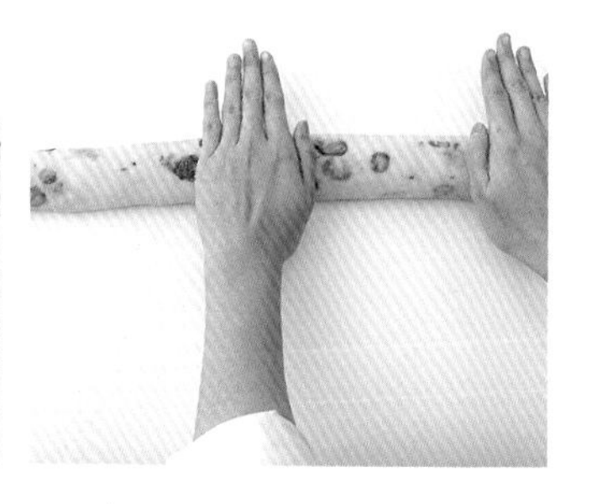

18.

製作肉桂餡

12. 準備一個乾淨的攪拌鋼，將肉桂餡的材料奶油、香草糖、肉桂粉、黑糖粉、依序放入，並把適合攪打油脂類的球狀攪拌棒裝入攪拌器中，先以慢速將材料混合打勻，再將打好的肉桂餡裝入擠花袋中。

TIP 將空氣攪打到食材裡，使其更加蓬鬆，直到微打發即完成。

13. 把檸檬糖霜的材料放入容器裡，拌均勻即完成。

組　合

14. 將已經冷藏 1-2 小時的麵團取出，進行整型，先將麵團從中間擀開，再左右擀平到長 60 公分，寬 25 公分，厚度 0.3 公分。

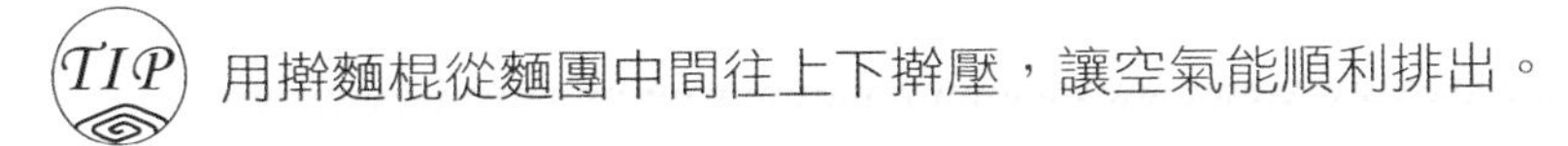

TIP 用擀麵棍從麵團中間往上下擀壓，讓空氣能順利排出。

15. 先均勻的擠上肉桂餡，接著用抹刀把餡料一一往左右抹開，直到佈滿整張麵皮且儘量厚薄要一致。

16. 接著再放入適量的紅酒葡萄乾。

17. 從上方開始往靠近身體的地方，慢慢的捲起。

18. 一直捲到最後，在桌面反覆滾動。將麵團捲起後搓長至 60-65 公分，把前端約 1 公分的地方切除，邊緣修整齊。

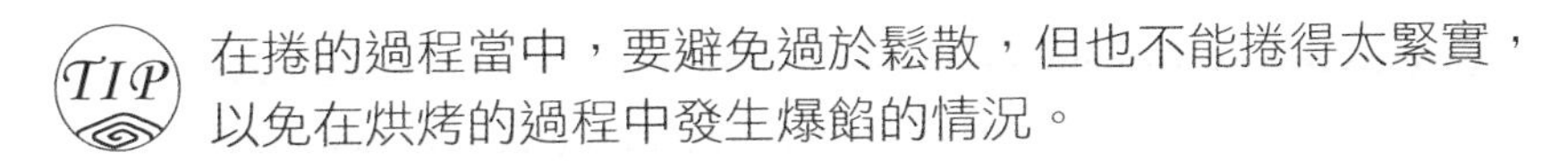

TIP 在捲的過程當中，要避免過於鬆散，但也不能捲得太緊實，以免在烘烤的過程中發生爆餡的情況。

切割烘烤

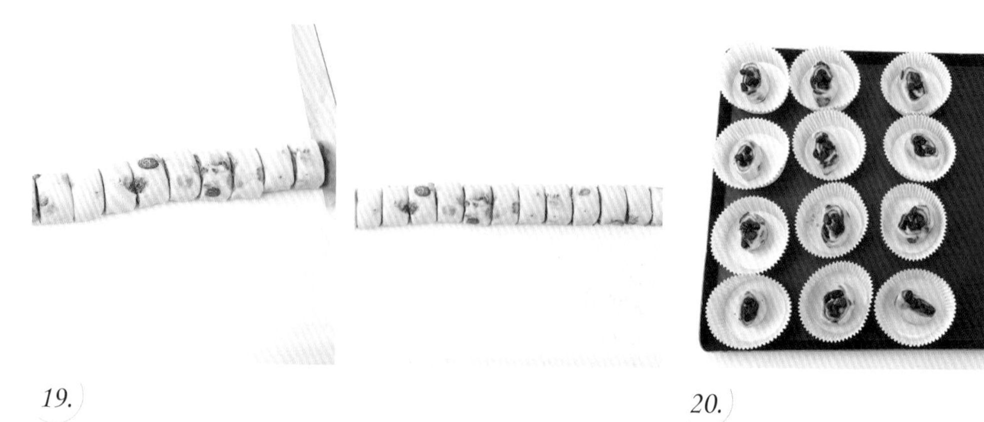

19.

20.

21.

22.

23.

24.

切割烘烤

19. 將麵團切成每個寬度為 3 公分的小麵團，每個麵團重量大約 35-40 公克，大約可以切成 20 個。

20. 烤盤中排入直徑 8 公分、高 3 公分的紙模，接著將 20 個切好的麵團一一放入，在表面放上適量的紅酒葡萄乾再進行最後發酵。

21. 最後發酵的時間大約 1 小時。

22. 放入已經預熱到上火 175°C，下火 165°C的烤箱中進行烘焙，時間大約 20-25 分鐘。

烤箱事先預熱可以讓麵團在穩定的溫度傳達到內部來進行熟化，這樣就不會出現內外熟度不均，或者表面出現燒焦的情況，所以確實做好事先預熱，讓失敗機率大大降低。

23. 麵包出爐放涼。

24. 在麵包表面擠上檸檬糖霜，最後撒上糖粉即完成。

杏桃果乾肉桂捲

使用糖漬杏桃乾加入布里歐麵糰與內餡中
酸甜的糖漬杏桃乾有解膩的效果
麵團表面抹上白乳酪奶油霜
讓整體味覺呈現多層次的口感

製作分量

20 個
【一個 35-40g】

麵團材料

高筋麵粉	240g
精鹽	3g
細砂糖	50g
乾酵母	5g
糖漬杏桃乾	50g
牛奶	85g
蛋黃	95g
奶油	70g

肉桂餡材料

奶油	95g
香草糖	30g
肉桂粉	10g
黑糖粉	65g

使用模具

直徑 8 公分
高 3 公分的紙模 20 個

糖漬杏桃乾

細砂糖	200g
純水	200g
杏桃乾	100g
肉桂條	5g

白乳酪奶油霜材料

奶油奶酪	100g
奶油	100g
糖粉	60g

白乳酪奶油霜製作流程:將奶油乳酪、奶油、糖粉拌均勻，攪拌至微打發即完成。

麵團攪拌

01

02.

03.

04.

05.

Directions

工法步驟

麵團攪拌

01. 攪拌盆中先放入製作前就已經預先秤好的高筋麵粉、精鹽、細砂糖、乾酵母。

02. 再倒入濕性材料的全蛋、牛奶，這時攪拌機要裝入鉤狀攪拌棒。

TIP 使用鉤狀攪拌棒，因阻力較大，所以能夠很快速的和成麵團，製作有筋度的麵包麵團用這種最適合。

03. 開始時先以低速，〈或是 1 速〉進行攪拌，攪拌時間大約 3 分鐘，讓麵團慢慢的成團。

TIP 此時不能使用中速，以免鋼盆摩擦生熱，而導致麵團迅速升溫，這樣就會影響麵團發酵。

04. 拾起階段的麵團，是攪拌到粉狀感消失，可以觀察到麵團正在逐漸成團的狀態。

TIP 等攪拌至粉狀感消失、逐漸成團，麵團表面看起來粗糙、呈現一顆一顆的模樣後，即是到達「拾起階段」。

05. 加入室溫奶油，改成 2 速攪拌約 6 分鐘。

TIP 奶油不能太早加入，因為油脂不但會降低酵母的活性，還會抑制筋性的形成，導致攪拌時間變長，麵團溫度升高而難以發酵。

06.

07.

糖漬杏桃乾

08.

09.

10.

11.

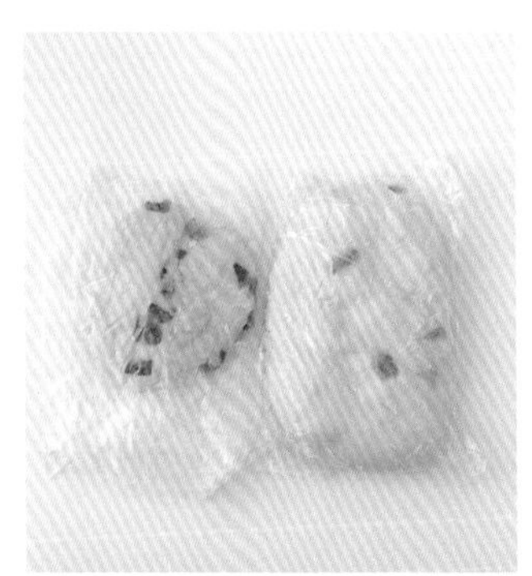
12.

06. 慢慢的讓麵團與奶油融為一體。在這個過程中，可以觀察到麵團成團的情況。

因為桌上型的攪拌機機型及功率都不一樣，所以這裡只是建議的時間，還是要觀察麵團的實際情況來增減。

07. 表面從粗糙到逐漸變得光滑柔軟，原本沾黏的攪拌盆周圍也變得乾淨光亮。到達這個階段，麵團因為產生了筋性，看起來帶有彈性和光澤感。

此時的麵團因為充分混合油脂，看起來更加光滑，也就是俗稱的（手光、盆光、麵團光）三光階段，此時麵團已是完成階段。最後改低速收尾，幫助麵團修復一下，即完成攪拌程序。

糖漬杏桃乾

08. 將細砂糖、純水、杏桃乾、肉桂條放入煮鍋中。

09. 將全部材料煮至沸騰，離火放涼，放入冷藏中，將全部材料浸泡 12 小時後，將杏桃乾取出即可使用。

10. 將打好的麵團從鋼盆中取出放到工作檯上，撒上一些手粉後略微整型，滾圓。

11. 把 1/2 放涼的糖漬杏桃乾放在麵團上，包好、整型。

發　　酵

12. 放入塑膠袋中，放在溫度 30°C、濕度 70 %的環境下，做基本發酵 30 分鐘，放入冰箱冷藏 1-2 小時做中間發酵，可以看到最後發酵好的麵團大約脹大了 2 倍。

依照麵團的不同，需要發酵的次數和時間長短都不太一樣。通常以 3 次為基本，一般來說可分為：攪拌後的「基本發酵」、分割整形後的「中間發酵」、整形或入模後的「最後發酵」。

製作肉桂餡

13.

 組　　合

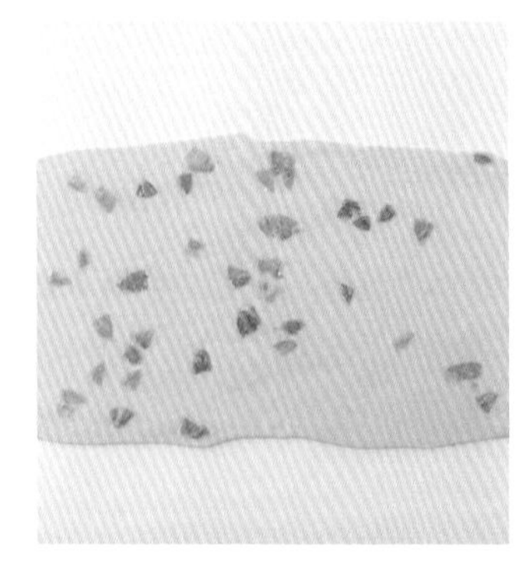

14.

15.

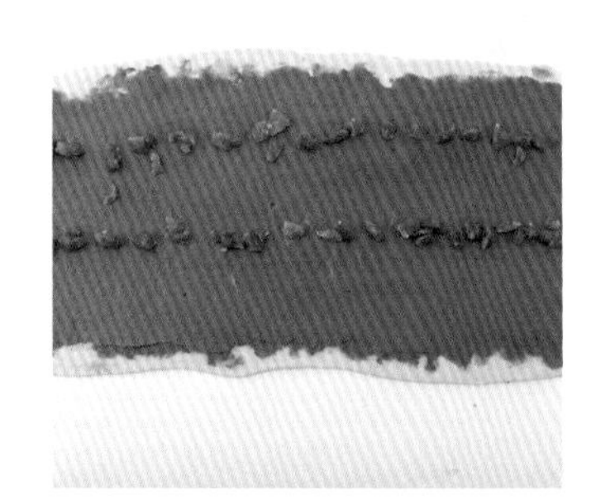

16.

17.

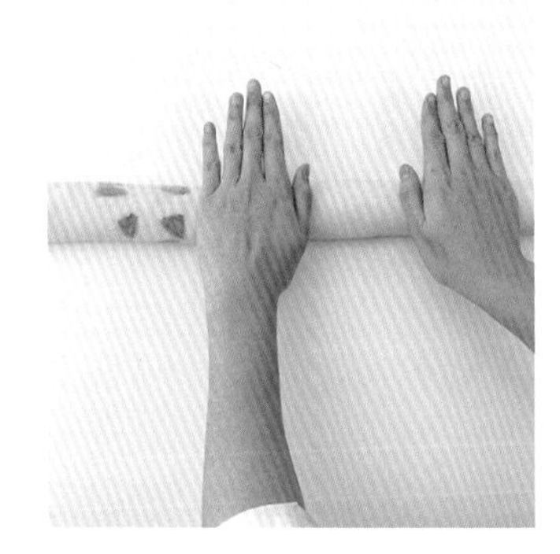

18.

製作肉桂餡

13. 準備一個乾淨的攪拌鋼，將肉桂餡的材料奶油、香草糖、肉桂粉、黑糖粉、依序放入，並把適合攪打油脂類的球狀攪拌棒裝入攪拌器中，先以慢速將材料混合打勻，再將打好的肉桂餡裝入擠花袋中。

將空氣攪打到食材裡，使其更加蓬鬆，直到微打發即完成。

組　　合

14. 將已經冷藏 1-2 小時的麵團取出，進行整型，先將麵團從中間擀開，再左右擀平到長 60 公分，寬 25 公分，厚度 0.3 公分。

用擀麵棍從麵團中間往上下擀壓，讓空氣能順利排出。

15. 先均勻的擠上肉桂餡，接著用抹刀把餡料一一往左右抹開，直到佈滿整張麵皮且儘量厚薄要一致。

16. 接著再放入適量的糖漬杏桃乾。

17. 從上方開始往靠近身體的地方，慢慢的捲起。

18. 一直捲到最後，在桌面反覆滾動。將麵團捲起後搓長至 60-65 公分，把前端約 1 公分的地方切除，邊緣修整齊。

在捲的過程當中，要避免過於鬆散，但也不能捲得太緊實，以免在烘烤的過程中發生爆餡的情況。

切割烘烤

19.

20.

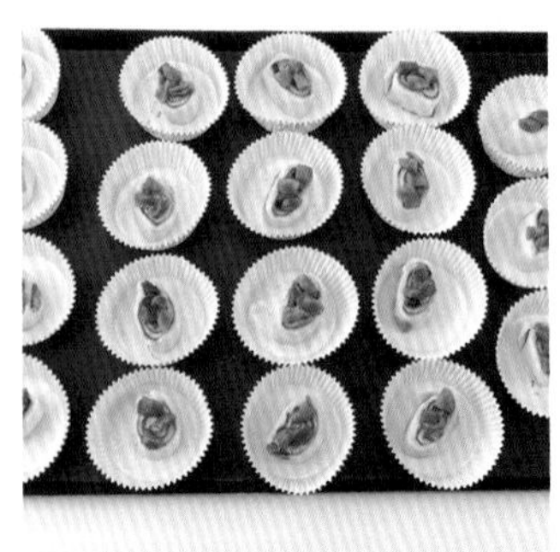

21.

22.

23.

24.

25.

切割烘烤

19. 將麵團切成每個寬度為 3 公分的小麵團，每個麵團重量大約 35-40 公克，大約可以切成 20 個。

20. 烤盤中排入直徑 8 公分、高 3 公分的紙模，接著將 20 個切好的麵團一一放入，放上適量的糖漬杏桃乾再進行最後發酵。

21. 最後發酵的時間大約 1 小時。

22. 按壓一下肉桂捲上的糖漬杏桃乾，讓其更緊密一些，把全部的肉桂捲全部都按壓完成。。

23. 放入已經預熱到上火 175℃，下火 165℃的烤箱中進行烘焙，時間大約 20-25 分鐘。

烤箱事先預熱可以讓麵團在穩定的溫度傳達到內部來進行熟化，這樣就不會出現內外熟度不均，或者表面出現燒焦的情況，所以確實做好事先預熱，讓失敗機率大大降低。

24. 麵包出爐放涼。

25. 把白乳酪奶油霜的材料均勻攪拌至微打發後，再擠在肉桂捲上即完成。

LINEN JACKET
077
STYLEBOOK 2008 S/S

覆盆子肉桂捲

將乾燥覆盆子粉加入麵團與奶油肉桂餡中
完整呈現覆盆子的特殊水果香氣
麵包表面再搭配酸香的檸檬糖霜
整體麵包充滿夏日的風情

製作分量

20 個
【一個 35-40g】

麵團材料

高筋麵粉	240g
精鹽	3g
細砂糖	50g
乾酵母	5g
覆盆子粉	5g
牛奶	85g
蛋黃	95g
奶油	70g

肉桂餡材料

奶油	95g
香草糖	30g
肉桂粉	10g
黑糖粉	65g
覆盆子粉	3公克

使用模具

直徑 8 公分
高 3 公分的紙模
20 個

檸檬糖霜配方

檸檬汁	25g
糖粉	100g

檸檬糖霜製作流程：將檸檬汁與糖粉拌均勻即完成。

使用模具

覆盆子粉 3 公克
（撒入使用）

麵團攪拌

01.

02.

03.

04.

05.

Directions

工法步驟

麵團攪拌

01. 攪拌盆中先放入製作前就已經預先秤好的高筋麵粉、精鹽、細砂糖、乾酵母、覆盆子粉。

02. 再倒入濕性材料的牛奶及全蛋，這時攪拌機要裝入鉤狀攪拌棒。

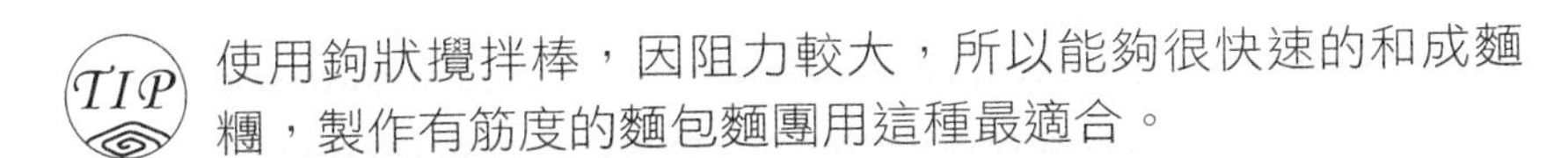

TIP 使用鉤狀攪拌棒，因阻力較大，所以能夠很快速的和成麵糰，製作有筋度的麵包麵團用這種最適合。

03. 開始時先以低速，〈或是 1 速〉進行攪拌，攪拌時間大約 3 分鐘，讓麵團慢慢的成團。起始階段的麵團，是攪拌到粉狀感消失，可以觀察到麵團正在逐漸成團的狀態。

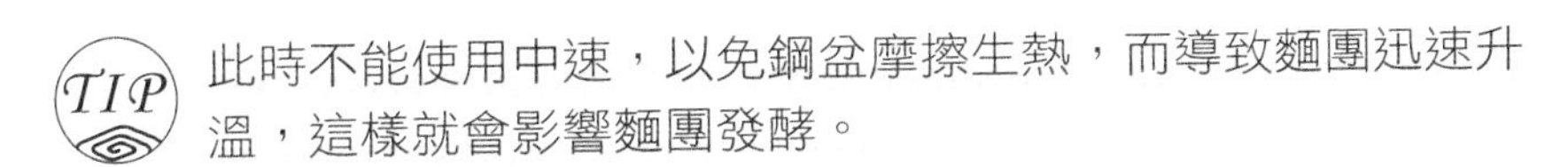

TIP 此時不能使用中速，以免鋼盆摩擦生熱，而導致麵團迅速升溫，這樣就會影響麵團發酵。

04. 加入室溫奶油，改成 2 速攪拌約 6 分鐘。

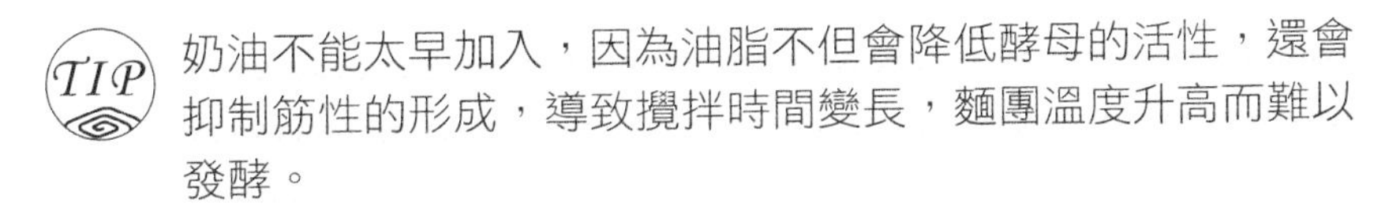

TIP 奶油不能太早加入，因為油脂不但會降低酵母的活性，還會抑制筋性的形成，導致攪拌時間變長，麵團溫度升高而難以發酵。

05. 慢慢的讓麵團與奶油融為一體。在這個過程中，可以觀察到麵團成團的情況。表面從粗糙到逐漸變得光滑柔軟，原本沾黏的攪拌盆周圍也變得乾淨光亮。

TIP 此時的麵團因為充分混合油脂，看起來更加光滑，也就是俗稱的（手光、盆光、麵團光）三光階段，此時麵團已是完成階段。最後改低速收尾，幫助麵團修復一下，即完成攪拌程序。

06.

07.

08.

09

10

發　　酵

06. 到達這個階段，麵團因為產生了筋性，看起來帶有彈性和光澤感。
將打好的麵團從鋼盆中取出放到工作檯上，撒上一些手粉後略微整型，滾圓。
放入塑膠袋中，做基本發酵 30 分鐘，放入冰箱冷藏 1-2 小時做中間發酵，可以看到最後發酵好的麵團大約脹大了 2 倍。

製作肉桂餡

07. 準備一個乾淨的攪拌鋼，將肉桂餡的材料奶油、細砂糖、肉桂粉、黑糖粉、依序放入。

08. 把適合攪打油脂類的球狀攪拌棒裝入攪拌器中，先以慢速將材料混合打勻。

> TIP 這時候可以先暫停攪拌，使用軟式刮板整理一下鋼盆周圍的麵團，減少烘焙損耗。

09. 將空氣攪打到食材裡，使其更加蓬鬆。

10. 直到微打發即完成，再將打好的肉桂餡裝入擠花袋中。

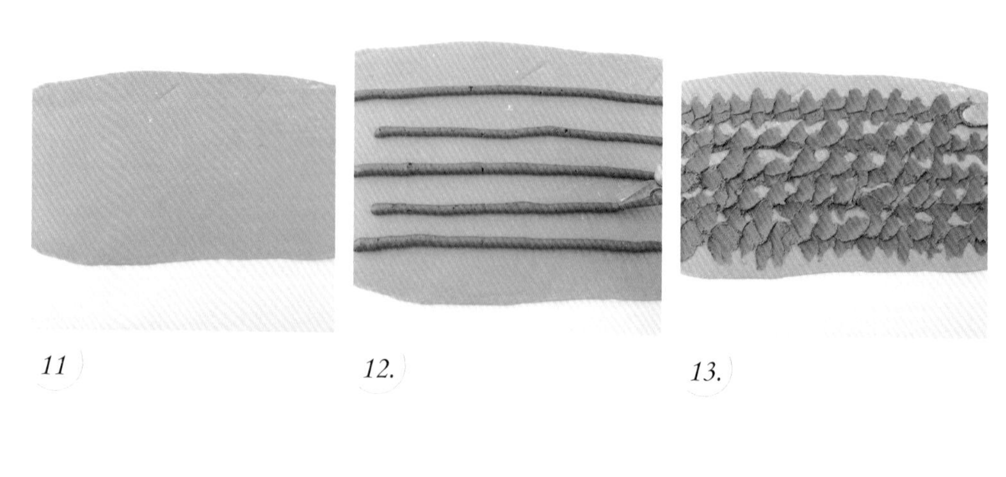

11 12. 13.

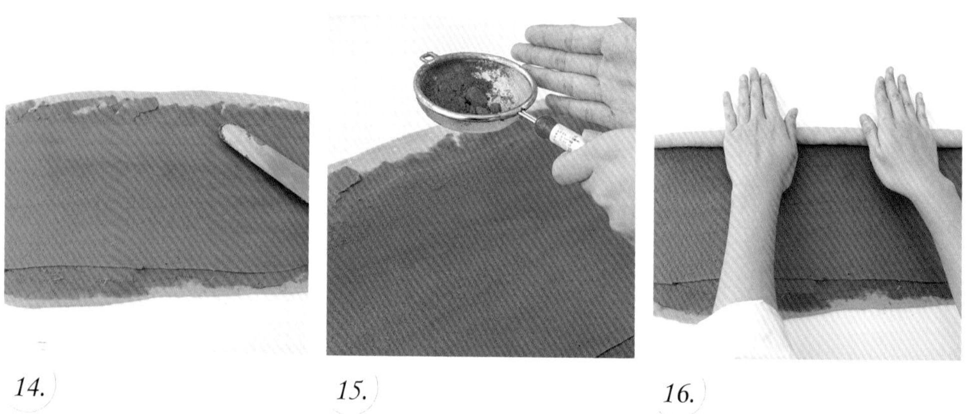

14. 15. 16.

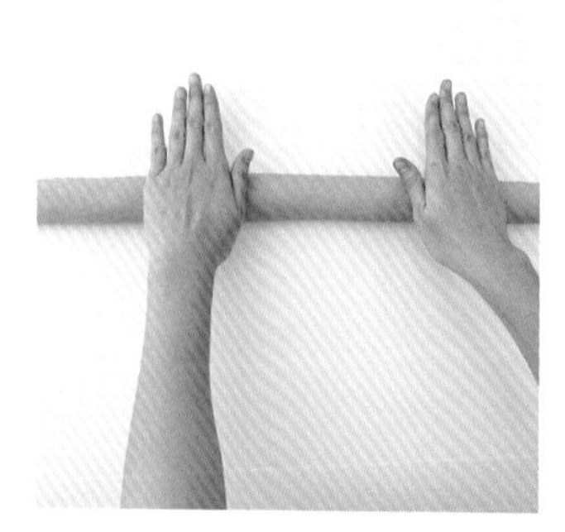

17.

組　合

11. 將已經冷藏 1-2 小時的麵團取出，進行整型，先將麵團從中間擀開，再左右擀平到長 60 公分，寬 25 公分，厚度 0.3 公分。

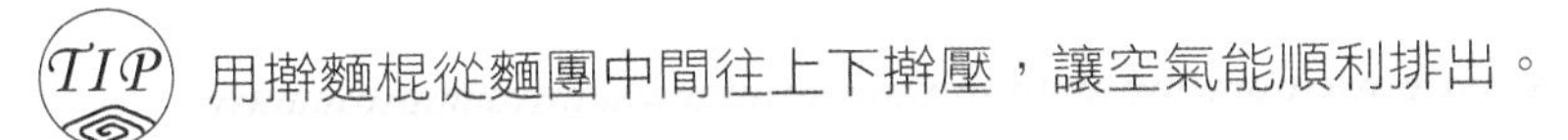

TIP 用擀麵棍從麵團中間往上下擀壓，讓空氣能順利排出。

12. 擠花袋剪一個小洞，並且在擀平的麵皮，均勻的擠上肉桂餡。

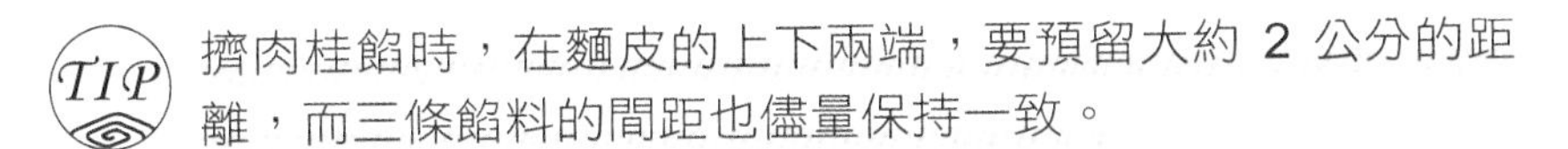

TIP 擠肉桂餡時，在麵皮的上下兩端，要預留大約 2 公分的距離，而三條餡料的間距也儘量保持一致。

13. 接著用抹刀把餡料一一往左右抹開。

14. 直到佈滿整張麵皮，要儘量讓肉桂餡的厚薄一致。

15. 接著再篩入適量的覆盆子粉。

16. 從上方開始往靠近身體的地方，慢慢的捲起。

17. 一直捲到最後，在桌面反覆滾動。將麵團捲起後搓長至 60-65 公分，把前端約 1 公分的地方切除，邊緣修整齊。

TIP 在捲的過程當中，要避免過於鬆散，但也不能捲得太緊實，以免在烘烤的過程中發生爆餡的情況。

切割烘烤

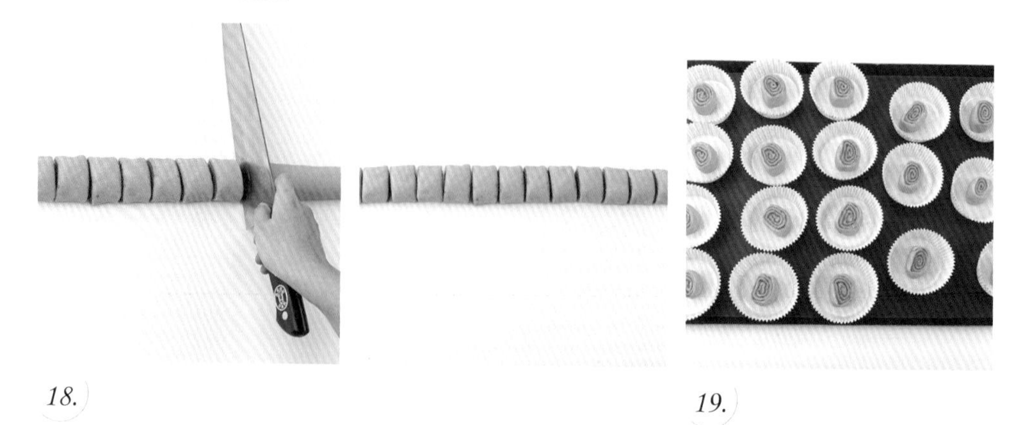

18.

19.

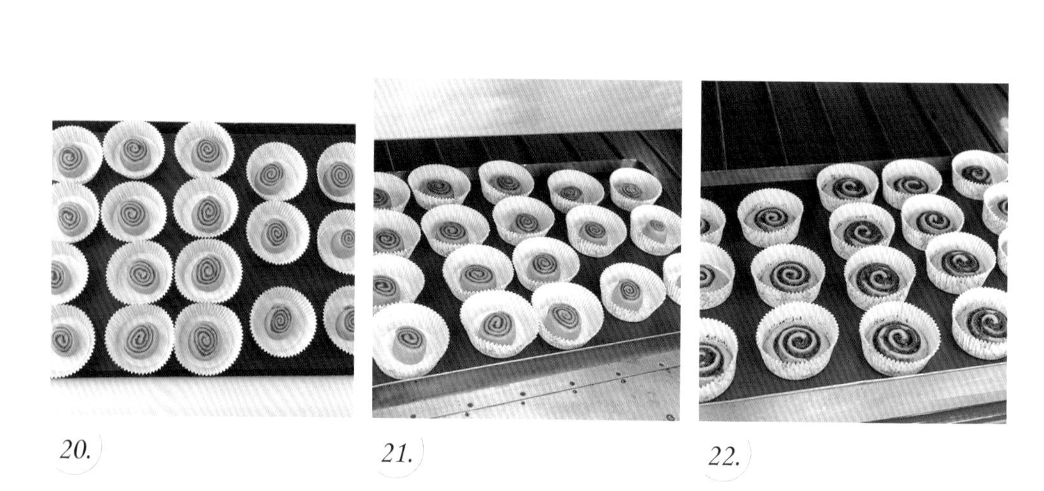

20.

21.

22.

23.

24.

切割烘烤

18. 將麵團切成每個寬度為 3 公分的小麵團，每個麵團重量大約 35-40 公克，大約可以切成 20 個。

19. 烤盤中排入直徑 8 公分、高 3 公分的紙模，接著將 20 個切好的麵團一一放入，再進行最後發酵。

20. 最後發酵的時間大約 1 小時。

21. 放入已經預熱到上火 175°C，下火 165°C的烤箱中進行烘焙，時間大約 20-25 分鐘。

烤箱事先預熱可以讓麵團在穩定的溫度傳達到內部來進行熟化，這樣就不會出現內外熟度不均，或者表面出現燒焦的情況，所以確實做好事先預熱，讓失敗機率大大降低。

22. 麵包出爐後放涼。

23. 在麵包表面，擠上事先調製完成的檸檬糖霜，最後在表面撒上少許覆盆子粉即完成。

甜杏仁風味肉桂捲

以製作咕咕霍夫麵包的手法來製作肉桂捲
在小麵包模具中沾滿甜杏仁片
甜杏仁片與肉桂奶油的完美搭配
烘烤出特色的美味肉桂捲

製作分量

18 個
【一個 40-45g】

麵團材料

高筋麵粉	240g
精鹽	3g
細砂糖	50g
乾酵母	5g
牛奶	85g
蛋黃	95g
奶油	70g

肉桂餡材料

奶油	95g
細砂糖	30g
肉桂粉	10g
黑糖粉	65g

使用模具

長 13 公分
寬 6 公分
高 4 公分的鐵模 6 個

裝飾杏仁片材料

杏仁片	200g

麵團攪拌

01.

02.

03.

Directions

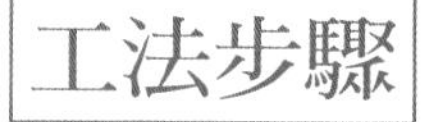

工法步驟

04.

05.

麵團攪拌

01. 攪拌盆中先放入乾性材料，包括在製作前就已經預先秤好的高筋麵粉、精鹽、細砂糖、乾酵母。

02. 先倒入濕性材料的蛋黃後，再倒入牛奶，這時攪拌機要裝入鉤狀攪拌棒。

03. 開始時先以低速，〈或是 1 速〉進行攪拌，攪拌時間大約 3 分鐘，讓麵團慢慢的成團。

04. 拾起階段的麵團，是攪拌到粉狀感消失、在逐漸成團中的狀態。

05. 加入室溫奶油，改成 2 速攪拌約 6 分鐘。

06.

07.

08.

09.

06. 慢慢的讓麵團與奶油融為一體。在這個過程中，可以觀察到麵團成團的情況。

07. 表面從粗糙到逐漸變得光滑柔軟，原本沾黏的攪拌盆周圍也變得乾淨光亮。到達這個階段，麵團因為產生了筋性，看起來帶有彈性和光澤感，將打好的麵團從鋼盆中取出放到工作檯上，撒上一些手粉。

發　酵

08. 略微整型，滾圓，放入塑膠袋中，放在溫度 30℃、濕度 70 %的環境下，做基本發酵 30 分鐘，放入冰箱冷藏 1-2 小時做中間發酵，可以看到最後發酵好的麵團大約脹大了 2 倍。

製作肉桂餡

09. 準備一個乾淨的攪拌鋼，將肉桂餡的材料奶油、細砂糖、肉桂粉、黑糖粉、依序放入。

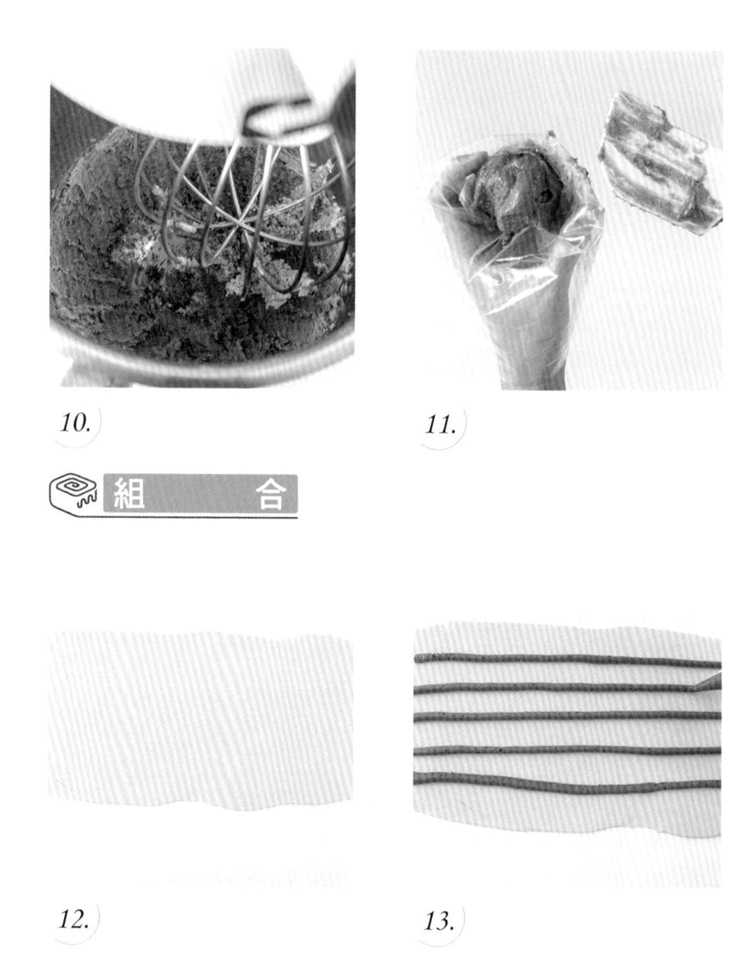

10.

11.

組　　合

12.

13.

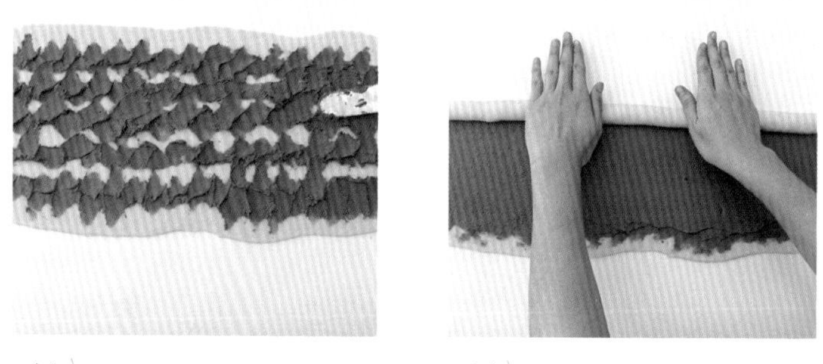

14.

15.

10. 把適合攪打油脂類的球狀攪拌棒裝入攪拌器中，先以慢速將材料混合打勻。

這時候可以先暫停攪拌，使用軟式刮板整理一下鋼盆周圍的麵團，減少烘焙損耗。

11. 將空氣攪打到食材裡，使其更加蓬鬆，直到微打發即完成，再將打好的肉桂餡裝入擠花袋中。

組　　合

12. 將已經冷藏 1-2 小時的麵團取出，進行整型，先將麵團從中間擀開，再左右擀平到長 60 公分，寬 25 公分，厚度 0.3 公分的長方形。

用擀麵棍從麵團中間往上下擀壓，讓空氣能順利排出。

13. 擠花袋剪一個小洞，並且在擀平的麵皮，均勻的擠上適量的肉桂餡。

擠肉桂餡時，在麵皮的上下兩端，要預留大約 2 公分的距離，而三條餡料的間距也儘量保持一致。

14. 接著用抹刀把三條餡料一一抹開，到肉桂餡佈滿整張麵皮，抹餡時儘量讓厚薄能更一致。

15. 將麵團從上方開始往靠近身體的地方慢慢捲起，捲到最後，在桌面反覆滾動，將麵團捲起後搓長至 60-65 公分，把前端約 1 公分的地方切除，邊緣修整齊。

在捲的過程當中，要避免過於鬆散，但也不能捲得太緊實，以免在烘烤的過程中發生爆餡的情況。

切割烘烤

16. 17. 18.

19. 20.

21.

切割烘烤

16. 將麵團切成每個寬度為 3.5 公分的小麵團，每個麵團重量大約 40-45 公克，大約可以切成 18 個。

17. 在長 13 公分、寬 6 公分、高 4 公分的鐵模中，刷滿薄薄一層奶油，接著沾上杏仁片，將杏仁片沾滿在整個鐵模內。

18. 將肉桂捲麵團放入，一個鐵模中大約可以放入 3 個肉桂捲，每一模的麵團總重量約 120-135 公克，全部完成後再進行最後發酵，時間大約 60 分鐘。

19. 最後發酵完成後，將麵團刷上蛋液，表面撒上杏仁片。

20. 上面先覆蓋一張烘焙紙，再壓上一個烤盤，放入已經預熱到上火 180°C，下火 165°C的烤箱中進行烘焙，時間大約 25-30 分鐘。

烤箱事先預熱可以讓麵團在穩定的溫度傳達到內部來進行熟化，這樣就不會出現內外熟度不均，或者表面出現燒焦的情況，所以確實做好事先預熱，讓失敗機率大大降低。

21. 麵包出爐後，取出、脫模(可倒扣或正常脫模)。

22. 放涼後，撒上糖粉即完成。

22.

巧克力海鹽肉桂捲

巧克力與肉桂本是極搭配的味覺組合
以特色的苦甜巧克力布里歐麵團為基底
內餡搭配奶油肉桂餡，烘烤前在麵包表面撒上些許海鹽
烘烤後在麵包表面抹上白乳酪奶油霜
這樣的組合，可說是魔鬼的誘惑

製作分量

20 個
【一個 35-40g】

麵團材料

高筋麵粉	200g
可可粉	20g
精鹽	3g
細砂糖	45g
乾酵母	5g
牛奶	70g
蛋黃	80g
牛奶巧克力	40g
奶油	40g

肉桂餡材料

奶油	90g
細砂糖	30g
肉桂粉	7g
黑糖粉	65g

使用模具

直徑 8 公分
高 3 公分的紙模 20 個

白乳酪奶油霜材料

奶油奶酪	100g
奶油	100g
糖粉	60g

其他材料

撒入內餡與麵包表面使用：耐烤焙巧克力 40g
麵包表面使用：粗海鹽 2g

麵團攪拌

01.

02.

03.

04.

05.

Directions

工法步驟

麵團攪拌

01. 攪拌盆中先放入乾性材料，包括在製作前就已經預先秤好的高筋麵粉、精鹽、細砂糖、乾酵母、可可粉。

02. 倒入濕性材料的牛奶、蛋黃、牛奶巧克力，這時攪拌機要裝入鉤狀攪拌棒。

TIP 使用鉤狀攪拌棒，因阻力較大，所以能夠很快速的和成麵團，製作有筋度的麵包麵團用這種最適合。

03. 開始時先以低速，〈或是 1 速〉進行攪拌，攪拌時間大約 3 分鐘，讓麵團慢慢的成團。起始階段的麵團，是攪拌到粉狀感消失、在逐漸成團中的狀態。

TIP 此時不能使用中速，以免鋼盆摩擦生熱，而導致麵團迅速升溫，這樣就會影響麵團發酵。

04. 加入室溫奶油，改成 2 速攪拌約 6 分鐘。

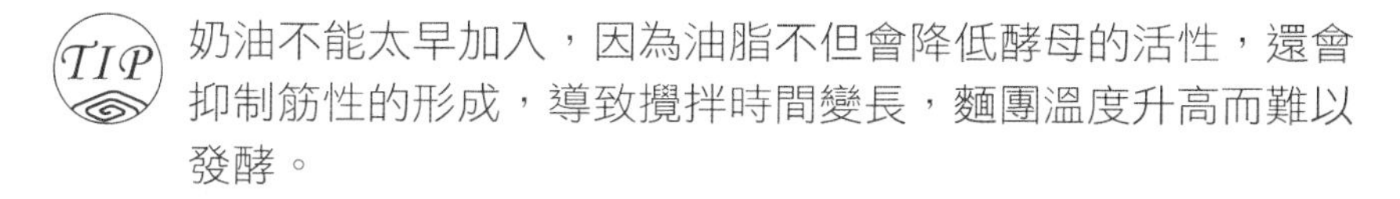

TIP 奶油不能太早加入，因為油脂不但會降低酵母的活性，還會抑制筋性的形成，導致攪拌時間變長，麵團溫度升高而難以發酵。

05. 慢慢的讓麵團與奶油融為一體。在這個過程中，可以觀察到麵團成團的情況。

TIP 因為桌上型的攪拌機機型及功率都不一樣，所以這裡只是建議的時間，還是要觀察麵團的實際情況來增減。

06

發　　　酵

07.

製作肉桂餡

08.

09.

10.

06. 表面從粗糙到逐漸變得光滑柔軟，原本沾黏的攪拌盆周圍也變得乾淨光亮。到達這個階段，麵團因為產生了筋性，看起來帶有彈性和光澤感，將打好的麵團從鋼盆中取出放到工作檯上，撒上一些手粉。

此時的麵團因為充分混合油脂，看起來更加光滑，也就是俗稱的（手光、盆光、麵團光）三光階段，此時麵團已是完成階段。最後改低速收尾，幫助麵團修復一下，即完成攪拌程序。

發　酵

07. 略微整型、滾圓，放入塑膠袋中，放在溫度 30°C、濕度 70 %的環境下，做基本發酵 30 分鐘，放入冰箱冷藏 1-2 小時做中間發酵，可以看到最後發酵好的麵團大約脹大了 2 倍。

依照麵團的不同，需要發酵的次數和時間長短都不太一樣。通常以 3 次為基本，一般來說可分為：攪拌後的「基本發酵」、分割整形後的「中間發酵」、整形或入模後的「最後發酵」。

製作肉桂餡

08. 準備一個乾淨的攪拌鋼，將肉桂餡的材料奶油、香草糖、肉桂粉、黑糖粉、依序放入。

09. 把適合攪打油脂類的球狀攪拌棒裝入攪拌器中，先以慢速將材料混合打勻。

10. 將空氣攪打到食材裡，使其更加蓬鬆，直到微打發即完成，再將打好的肉桂餡裝入擠花袋中。

組　合

11.

12.

13.

14.

15.

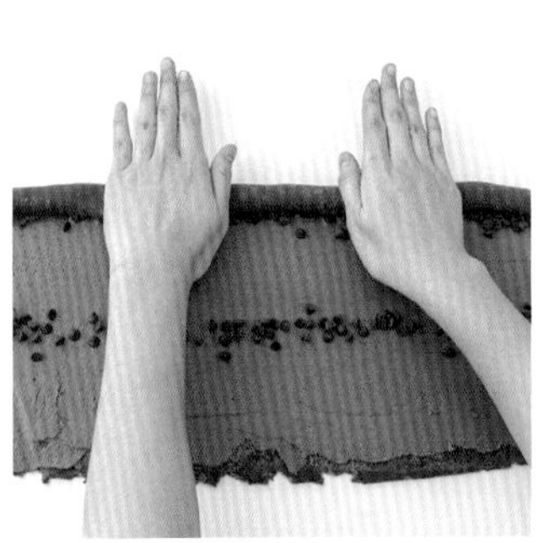

16.

切割烘烤

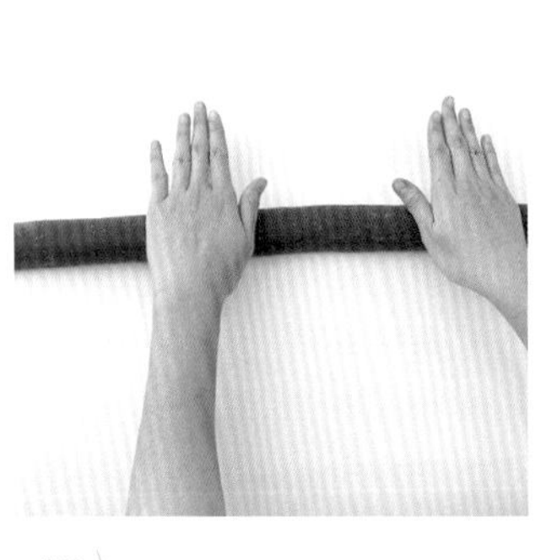

17.

18.

組合

11. 將已經冷藏 1-2 小時的麵團取出，進行整型，先將麵團從中間擀開，再左右擀平到長 65 公分，寬 25 公分，厚度 0.3 公分的長方形。

用擀麵棍從麵團中間往上下擀壓，讓空氣能順利排出。

12. 擠花袋剪一個小洞，並且在擀平的麵皮，上、中、下均勻的擠上三條肉桂餡。

擠肉桂餡時，在麵皮的上下兩端，要預留大約 2 公分的距離，而三條餡料的間距也儘量保持一致。

13. 接著用抹刀把三條餡料一一往左右抹開。

14. 直到肉桂餡佈滿整張麵皮，抹餡時儘量讓厚薄能更一致。

15. 再撒入適量的耐烤焙巧克力。

16. 將麵團從上方開始往靠近身體的地方慢慢捲起。

在捲的過程當中，要避免過於鬆散，但也不能捲得太緊實，以免在烘烤的過程中發生爆餡的情況。

17. 捲到最後，在桌面反覆滾動，將麵團捲起後搓長至 60-65 公分，把前端約 1 公分的地方切除，邊緣修整齊。

最後的收口處記得要朝下。

切割烘烤

18. 將麵團切成每個寬度為 3 公分的小麵團，每個麵團重量大約 35-40 公克，大約可以切成 20 個。

19.

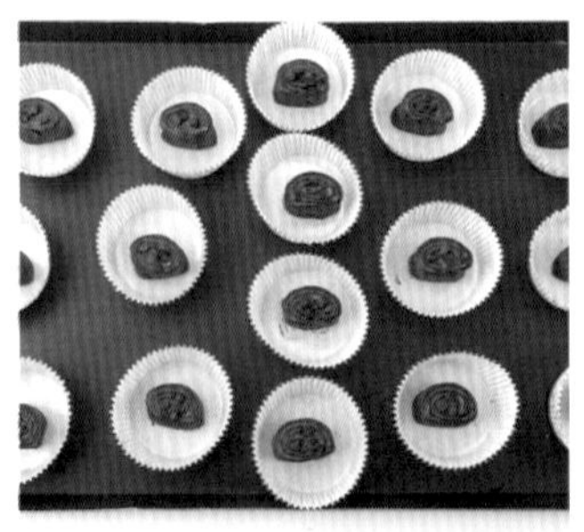

20.

21.

22.

23.

19. 將捲好的肉桂捲麵團放入直徑 8 公分、高 3 公分的紙模中，一一排入烤盤中，上面再放入適量的耐烤焙巧克力。

20. 進行最後發酵，時間大約 60 分鐘。

21. 在每個發酵好的肉桂捲麵團上，放入適量的海鹽。

22. 放入已經預熱到上火 175℃，下火 165℃的烤箱中進行烘焙，時間大約 20-25 分鐘。

烤箱事先預熱可以讓麵團在穩定的溫度傳達到內部來進行熟化，這樣就不會出現內外熟度不均，或者表面出現燒焦的情況，所以確實做好事先預熱，讓失敗機率大大降低。

23. 麵包出爐後，在麵包表面擠上把奶油乳酪、奶油、糖粉拌均勻，攪拌至微打發的白乳酪奶油霜，再放入適量的耐烤焙巧克力即完成。

PART 05

一層又一層！
千層肉桂捲
麵團運用
與口味變化

咖啡風味肉桂捲

加入咖啡風味在千層肉桂捲麵糰中
烘烤後的千層有著酥脆的表皮
麵包表皮咖啡微苦的味道巧妙融合內裏奶油肉桂餡
末尾讓黑糖的甜再帶出整體完整的味覺體驗

製作分量

5 個
【一個 120-125g】

麵團材料

高筋麵粉	200g
低筋麵粉	100g
精鹽	6g
細砂糖	20g
乾酵母	5g
牛奶	95g
奶油	30g
純水	55g
咖啡粉	5g
裹入奶油	100g

肉桂餡材料

奶油	80g
肉桂粉	7g
黑糖粉	50g
細砂糖	30g

使用模具

長 13 公分
寬 6 公分
高 4 公分的鐵模 5 個

其他材料

內餡撒入用：
咖啡粉 2g

麵團攪拌

01.

02.

03.

04.

05.

Directions

工法步驟

麵團攪拌

01. 攪拌盆中先放入乾性材料，包括在製作前就已經預先秤好的高筋麵粉、低筋麵粉、精鹽、細砂糖、乾酵母、咖啡粉。

02. 再倒入濕性材料牛奶、純水，這時攪拌機要裝入鉤狀攪拌棒。

TIP 使用鉤狀攪拌棒，因阻力較大，所以能夠很快速的和成麵團，製作有筋度的麵包麵團用這種最適合。

03. 開始時先以低速，〈或是 1 速〉進行攪拌，攪拌時間大約 3 分鐘，讓麵團慢慢的成團。

TIP 此時不能使用中速，以免鋼盆摩擦生熱，而導致麵團迅速升溫，這樣就會影響麵團發酵。

04. 加入室溫奶油，改成 2 速攪拌約 6 分鐘。

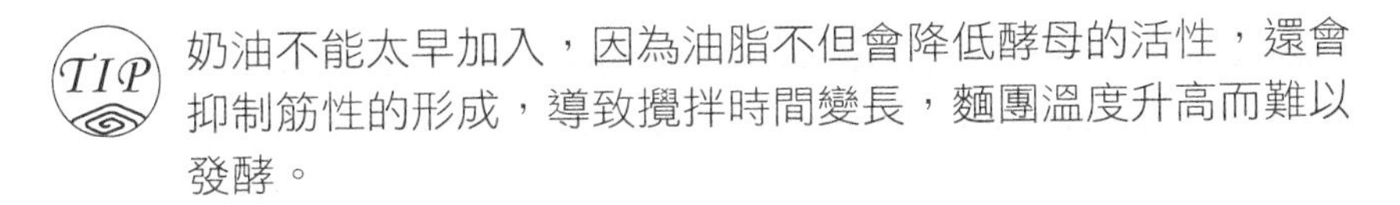

TIP 奶油不能太早加入，因為油脂不但會降低酵母的活性，還會抑制筋性的形成，導致攪拌時間變長，麵團溫度升高而難以發酵。

05. 慢慢的讓麵團與奶油融為一體。在這個過程中，可以觀察到麵團成團的情況。

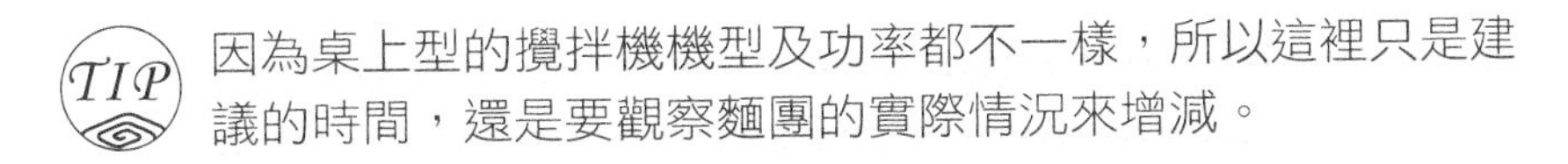

TIP 因為桌上型的攪拌機機型及功率都不一樣，所以這裡只是建議的時間，還是要觀察麵團的實際情況來增減。

發　　　酵

06.

07.

08.

製作肉桂餡

09.

10.

11.

12.

06. 表面從粗糙到逐漸變得光滑柔軟，原本沾黏的攪拌盆周圍也變得乾淨光亮。到達這個階段，麵團因為產生了筋性，看起來帶有彈性和光澤感，

此時的麵團因為充分混合油脂，看起來更加光滑，也就是俗稱的（手光、盆光、麵團光）三光階段，此時麵團已是完成階段。最後改低速收尾，幫助麵團修復一下，即完成攪拌程序。

發　酵

07. 放入塑膠袋中，再放入冰箱冷藏 1-2 小時，取出，放在工作台上。

08. 麵團進行整型，把麵團的中間厚度保留，然後四周圍往外擀成一個十字型，再把奶油塊包進去。

TIP 用擀麵棍從麵團中間往上下擀壓，讓空氣能順利排出。

09. 把四邊擀開的部分往回摺疊，把它做一個完整的包覆。

10. 將麵團延壓至長將麵團尺寸桿開、桿平至長 60 公分，寬 25 公分，厚度 0.5 公分。接著把麵團做 3 折疊，3 擀開，整型後做最後發酵 1 小時。

製作肉桂餡

11. 準備一個乾淨的攪拌鋼，將肉桂餡的材料奶油、香草糖、肉桂粉、黑糖粉、依序放入。

12. 把適合攪打油脂類的球狀攪拌棒裝入攪拌器中，先以慢速將材料混合打匀，將空氣攪打到食材裡，使其更加蓬鬆。

組合

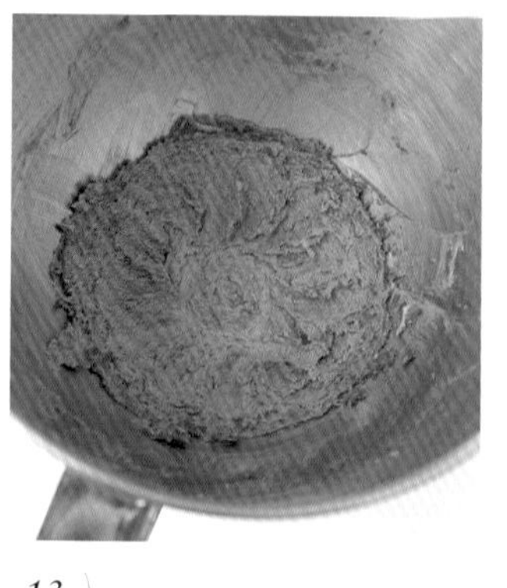

13.

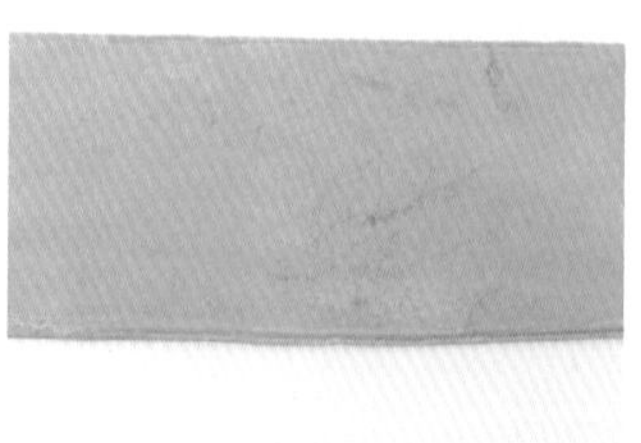

14.

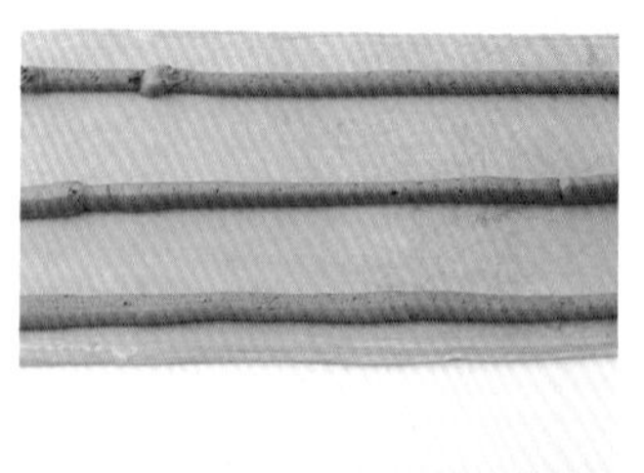

15.

16.

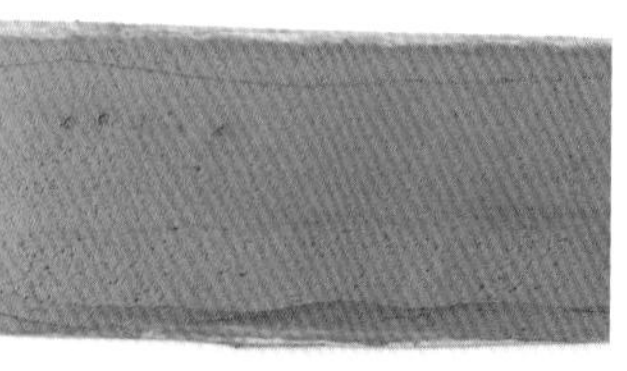

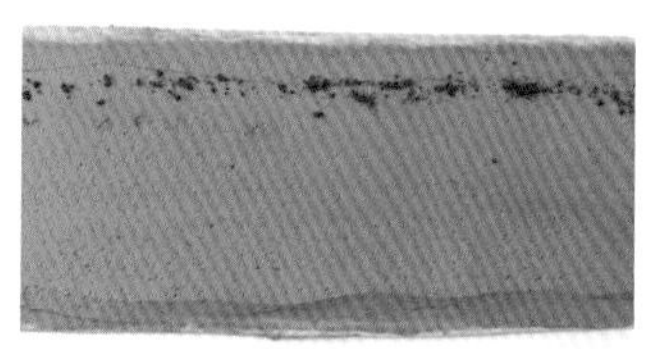

17.

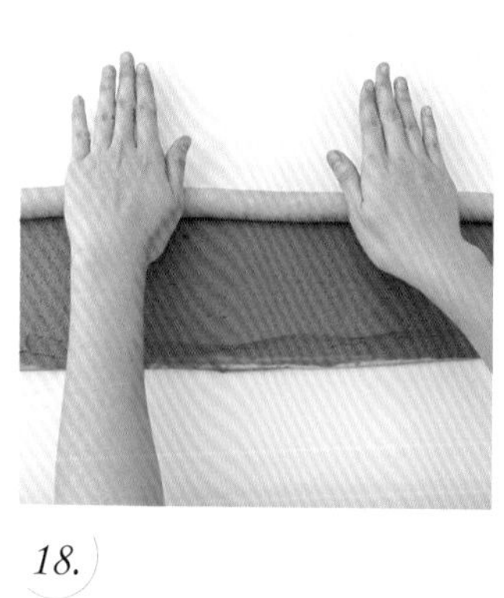

18.

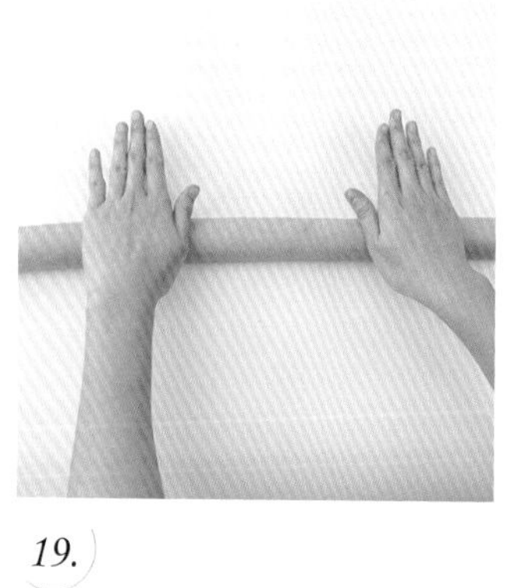

19.

13. 直到微打發即完成，再將打好的肉桂餡裝入擠花袋中。

組　　合

14. 再將麵團擀開至長 60 公分，寬 25 公分，厚度 0.3 公分。

15. 擠花袋剪一個小洞，並且在擀平的麵皮，上、中、下均勻的擠上三條肉桂餡。

TIP 擠肉桂餡時，在麵皮的上下兩端，要預留大約 2 公分的距離，而三條餡料的間距也儘量保持一致。

16. 抹平時用抹刀把三條餡料往左右抹開，直到肉桂餡佈滿整張麵皮，抹餡時儘量讓厚薄能更一致。

17. 放上適量的咖啡粉。

18. 將麵團從上方開始往靠近身體的地方慢慢捲起。

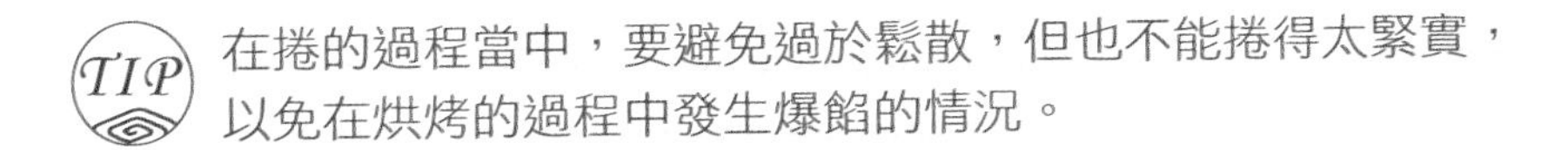

TIP 在捲的過程當中，要避免過於鬆散，但也不能捲得太緊實，以免在烘烤的過程中發生爆餡的情況。

19. 捲到最後，在桌面反覆滾動，將麵團捲起後搓長至 60-65 公分，把前端約 1 公分的地方切除，邊緣修整齊。

最後的收口處記得要朝下。

切割烘烤

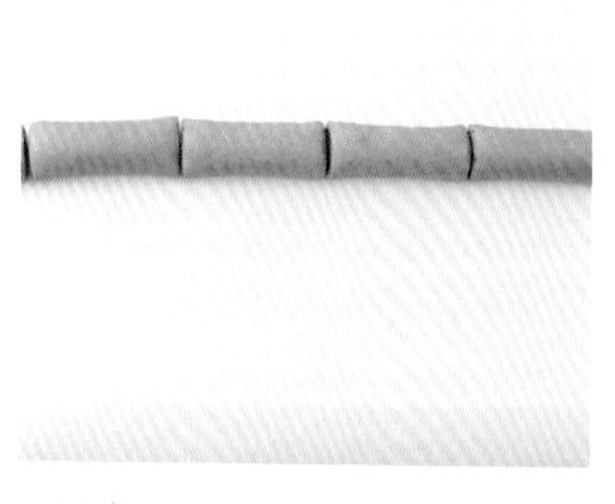

20.

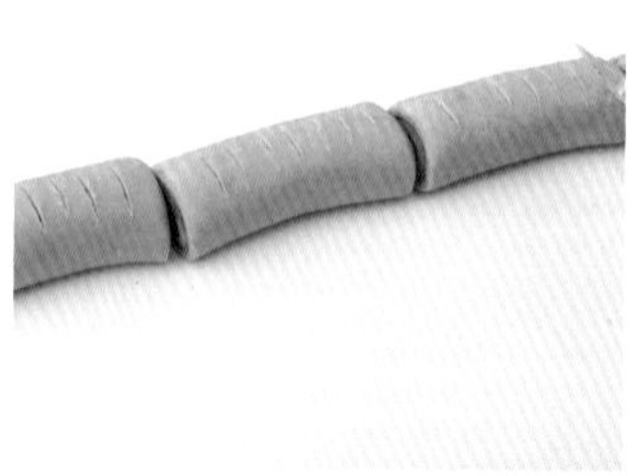

21.

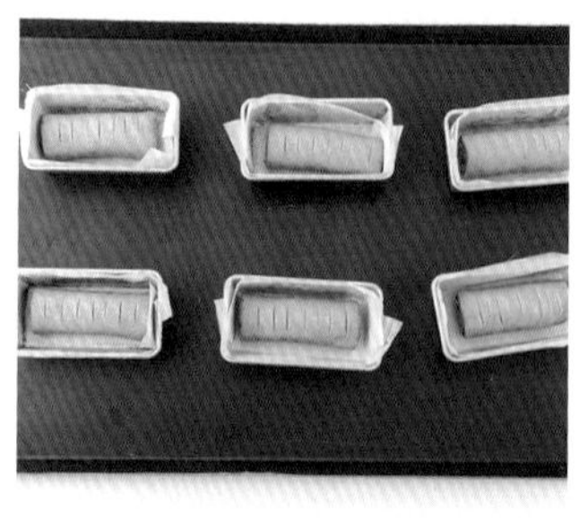

22.

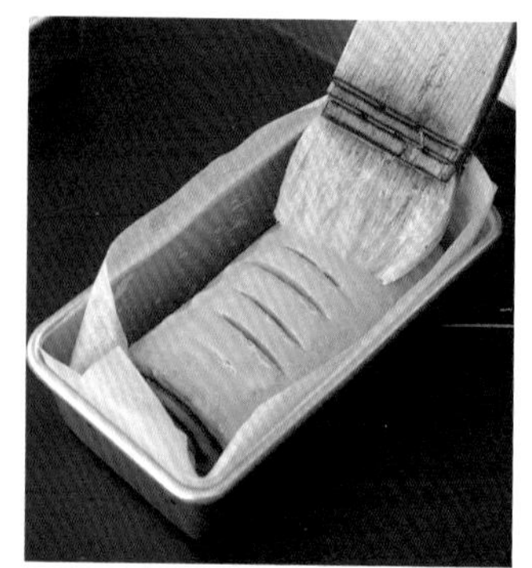

23.

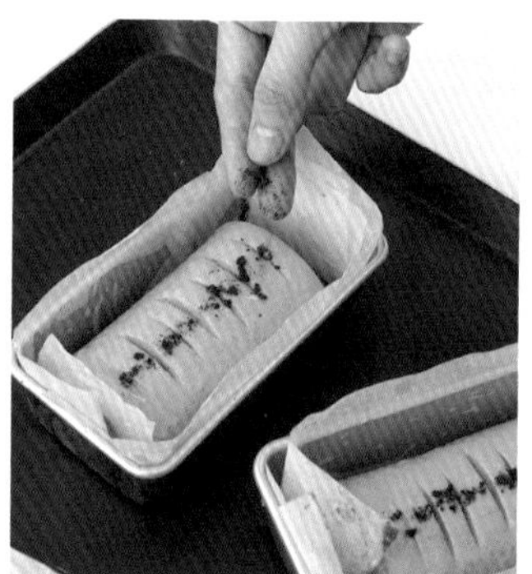

24.

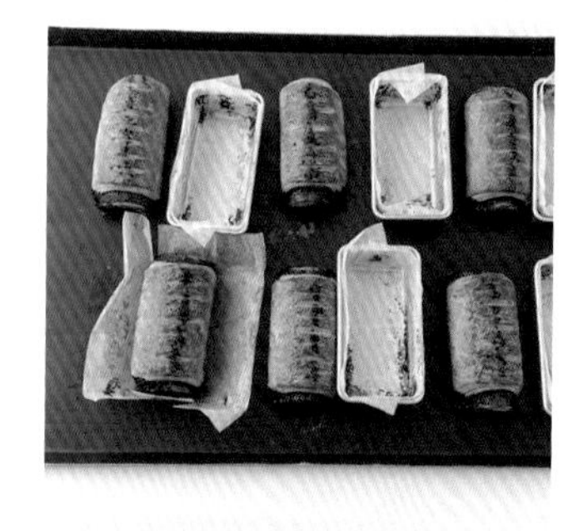

25.

切割烘烤

20. 接著以 12 公分為一等份切 5 個長條型，每個麵團重量約 120-125 公克。

21. 接著用小刀在 5 個麵團上分別切割 5-7 刀。

22. 即可將肉桂捲麵團放入已經鋪好烘焙紙的長 13 公分、寬 6 公分、高 4 公分的鐵模中進行最後發酵，時間大約 60 分鐘。。

23. 最後發酵完成後，將麵團刷上蛋液，表面撒上咖啡粉。

24. 放入已經預熱到上火 175℃，下火 165℃的烤箱中進行烘焙，時間大約 25-30 分鐘。

烤箱事先預熱可以讓麵團在穩定的溫度傳達到內部來進行熟化，這樣就不會出現內外熟度不均，或者表面出現燒焦的情況，所以確實做好事先預熱，讓失敗機率大大降低。

25. 烘焙完成後脫模，放涼後即完成。

苦甜巧克力肉桂捲

運用巧克力可頌麵糰製作肉桂捲
奶油肉桂餡加入融化的苦甜巧克力
內裹撒入耐烤焙巧克力
將巧克力可頌麵團捲起以圓筒直立形狀烤焙
是現今較為困難的肉桂捲製作方式
在此將製作技法不藏私公開給大家

製作分量

20 個
【一個 35-40g】

麵團材料

高筋麵粉	130g
低筋麵粉	65g
精鹽	4g
細砂糖	15g
乾酵母	3g
牛奶	80g
奶油	20g
純水	40g
可可粉	20g
裏入奶油	65g

肉桂餡材料

奶油	50g
肉桂粉	5g
黑糖粉	30g
細砂糖	20g
苦甜巧克力(融化)	20g

使用模具

直徑 5.5 公分
高 4 公分的圓鐵模 20 個

其他材料

撒入使用：
耐烤焙巧克力 35g

麵團攪拌

01.

02.

03.

04.

冷　藏

05.

Directions

工法步驟

麵團攪拌

01. 攪拌盆中先放入乾性材料，包括在製作前就已經預先秤好的高筋麵粉、低筋麵粉、精鹽、細砂糖、乾酵母、咖啡粉。

02. 再倒入濕性材料牛奶、純水，這時攪拌機要裝入鉤狀攪拌棒。

TIP 使用鉤狀攪拌棒，因阻力較大，所以能夠很快速的和成麵團，製作有筋度的麵包麵團用這種最適合。

03. 開始時先以低速，〈或是 1 速〉進行攪拌，攪拌時間大約 3 分鐘，讓麵團慢慢的成團。

TIP 此時不能使用中速，以免鋼盆摩擦生熱，而導致麵團迅速升溫，這樣就會影響麵團發酵。

04. 加入室溫奶油，改成 2 速攪拌約 6 分鐘。慢慢的讓麵團與奶油融為一體。表面從粗糙到逐漸變得光滑柔軟，原本沾黏的攪拌盆周圍也變得乾淨光亮。麵團因為產生了筋性，看起來帶有彈性和光澤感。

TIP 奶油不能太早加入，因為油脂不但會降低酵母的活性，還會抑制筋性的形成，導致攪拌時間變長，麵團溫度升高而難以發酵。

冷藏

05. 麵團取出，放入塑膠袋中，放入冰箱冷藏 1-2 小時，取出，放在工作台上。

裹油

06.

07.

08.

製作肉桂餡

09.

10.

11.

組合

12.

13.

14.

裹　油

06. 麵團進行整型，把麵團的中間厚度保留，然後四周圍往外擀成一個十字型，再把奶油塊包進去。用擀麵棍從麵團中間往上下擀壓，讓空氣能順利排出。

07. 把四邊擀開的部分往回摺疊，把它做一個完整的包覆。

08. 將麵團延壓至長將麵團尺寸桿開、桿平至長 60 公分，寬 25 公分，厚度 0.5 公分。接著把麵團做 3 折疊，3 擀開，整型後做最後發酵 1 小時。

製作肉桂餡

09. 準備一個乾淨的攪拌鋼，將肉桂餡的材料奶油、香草糖、肉桂粉、黑糖粉及融化的苦甜巧克力依序放入。

10. 把適合攪打油脂類的球狀攪拌棒裝入攪拌器中，先以慢速將材料混合打勻，將空氣攪打到食材裡，使其更加蓬鬆。

11. 直到微打發即完成，再將打好的肉桂餡裝入擠花袋中。

組　合

12. 再將麵團擀開、至長 60 公分，寬 25 公分，厚度 0.3 公分。

13. 擠花袋剪一個小洞，並且在擀平的麵皮，上、中、下均勻的擠上三條肉桂餡。

TIP 擠肉桂餡時，在麵皮的上下兩端，要預留大約 2 公分的距離，而三條餡料的間距也儘量保持一致。

14. 抹平時用抹刀把三條餡料往左右抹開，直到肉桂餡佈滿整張麵皮，抹餡時儘量讓厚薄能更一致。

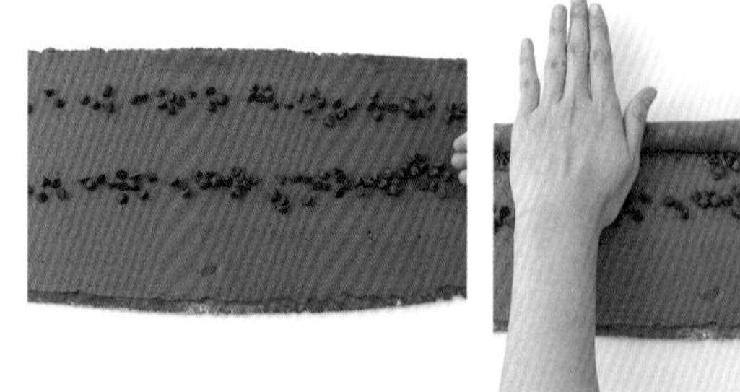

15.

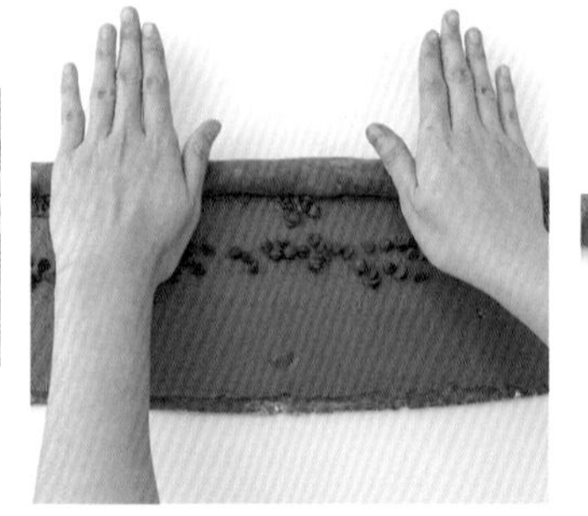

16.

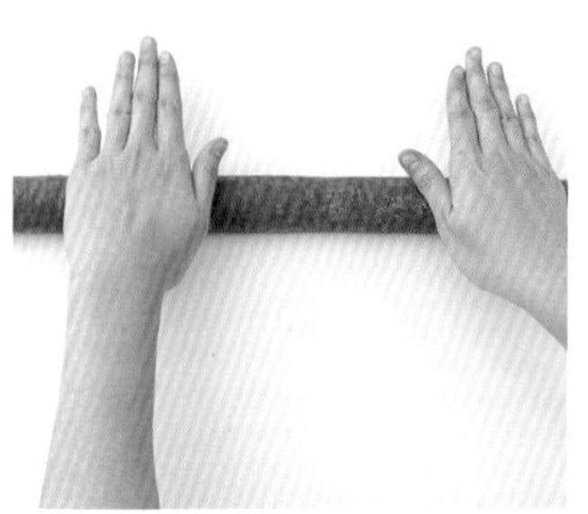

17.

切割烘烤

18.

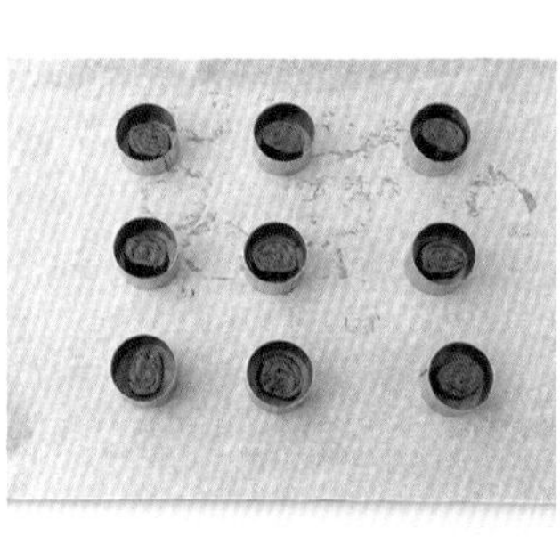

19.

20.

21.

15. 放上適量的耐烤焙巧克力。

16. 將麵團從上方開始往靠近身體的地方慢慢捲起。

TIP 在捲的過程當中，要避免過於鬆散，但也不能捲得太緊實，以免在烘烤的過程中發生爆餡的情況。

17. 捲到最後，在桌面反覆滾動，將麵團捲起後搓長至 60-65 公分，把前端約 1 公分的地方切除，邊緣修整齊。

最後的收口處記得要朝下。

切割烘烤

18. 將麵團切成每個寬度為 3 公分的小麵團，每個麵團重量大約 35-40 公克，大約可以切成 20 個。

19. 烤盤上鋪入烘焙紙，將切好的肉桂捲麵團先放入直徑 5.5 公分，高 4 公分的圓鐵模中進行最後發酵，時間大約 60 分鐘。將烤箱預熱好。上面先覆蓋一張烘焙紙，再壓上一個烤盤。

20. 放入已經預熱到上火 180°C，下火 165°C的烤箱中進行烘焙，時間大約 25-30 分鐘。

烤箱事先預熱可以讓麵團在穩定的溫度傳達到內部來進行熟化，這樣就不會出現內外熟度不均，或者表面出現燒焦的情況，所以確實做好事先預熱，讓失敗機率大大降低。

21. 烘焙完成後取下鐵圓模即完成。

Cocktail
Moment of Zen Cocktail
Starter
Crispy Salt and Pepper Shrimp with Celery
Main
Hard Shell Potato Tacos
Dessert
Buckwheat Orange Florentines

黑糖風味肉桂捲

使用黑糖粉製作黑糖可頌麵團
黑糖蜜襯底去烘焙肉桂捲
一般肉桂捲外層裝飾的都是以白色糖霜居多
這次使用了黑糖蜜去做整體口味搭配
烘焙後的成品獨具特色

製作分量

20 個
【一個 35-40g】

麵團材料

高筋麵粉	200g
低筋麵粉	100g
精鹽	6g
黑糖粉	25g
乾酵母	5g
牛奶	95g
奶油	30g
純水	55g
裹入奶油	100g

肉桂餡材料

奶油	80g
肉桂粉	10g
黑糖粉	80g

黑糖蜜材料

黑糖粉	100g
純水	50g
蜂蜜	20g

使用模具

直徑 8 公分
高 3 公分的紙模 20 個

製作肉桂餡

01.　02.

03.　04.

05.

Directions

工法步驟

麵團攪拌

01. 攪拌盆中先放入乾性材料，包括在製作前就已經預先秤好的高筋麵粉、低筋麵粉、精鹽、黑糖粉、乾酵母。

02. 再倒入濕性材料牛奶、純水，這時攪拌機要裝入鉤狀攪拌棒。

TIP 使用鉤狀攪拌棒，因阻力較大，所以能夠很快速的和成麵團，製作有筋度的麵包麵團用這種最適合。

03. 開始時先以低速，〈或是 1 速〉進行攪拌，攪拌時間大約 3 分鐘，讓麵團慢慢的成團。

TIP 此時不能使用中速，以免鋼盆摩擦生熱，而導致麵團迅速升溫，這樣就會影響麵團發酵。

04. 加入室溫奶油，改成 2 速攪拌約 6 分鐘。慢慢的讓麵團與奶油融為一體。

05. 表面從粗糙到逐漸變得光滑柔軟，原本沾黏的攪拌盆周圍也變得乾淨光亮。麵團因為產生了筋性，看起來帶有彈性和光澤感。

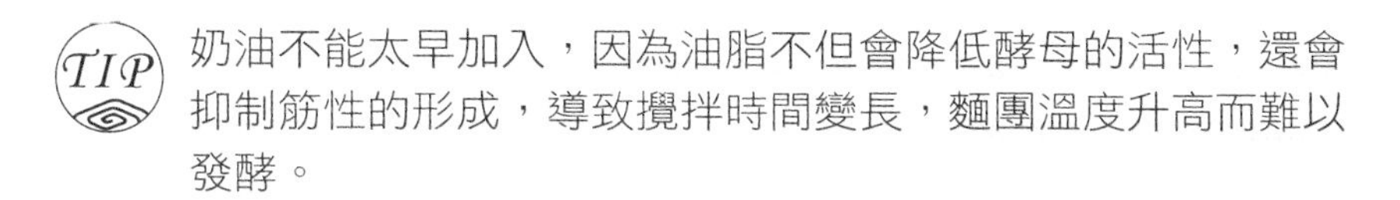

TIP 奶油不能太早加入，因為油脂不但會降低酵母的活性，還會抑制筋性的形成，導致攪拌時間變長，麵團溫度升高而難以發酵。

冷藏裹油

06.

07.

08.

製作肉桂餡

09.

10.

製作黑糖蜜

11.

12.

13.

冷藏裹油

06. 取出麵團，放入塑膠袋中，再放入冰箱冷藏 1-2 小時，取出，放工作枱上。

07. 麵團進行整型，把麵團的中間厚度保留，然後四周圍往外擀成一個十字型，再把奶油塊包進去。

TIP 用擀麵棍從麵團中間往上下擀壓，讓空氣能順利排出。

07. 把四邊擀開的部分往回摺疊，把它做一個完整的包覆，再將麵團延壓至長 60 公分，寬 25 公分，厚度 0.5 公分。

08. 接著把麵團做 3 折疊，3 擀開，整型後做最後發酵 1 小時。

製作肉桂餡

09. 準備一個乾淨的攪拌鋼，將肉桂餡的材料奶油、香草糖、肉桂粉、黑糖粉依序放入。

10. 把適合攪打油脂類的球狀攪拌棒裝入攪拌器中，先以慢速將材料混合打勻，將空氣攪打到食材裡，使其更加蓬鬆。

11. 直到微打發即完成，再將打好的肉桂餡裝入擠花袋中。

製作黑糖蜜

12. 將黑糖粉、純水、蜂蜜放入煮鍋中拌均勻，

13. 煮至沸騰後，放涼即完成。

組　合

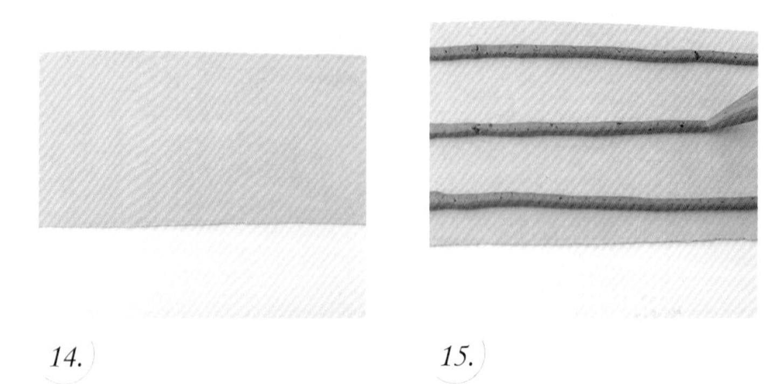

14.　　15.

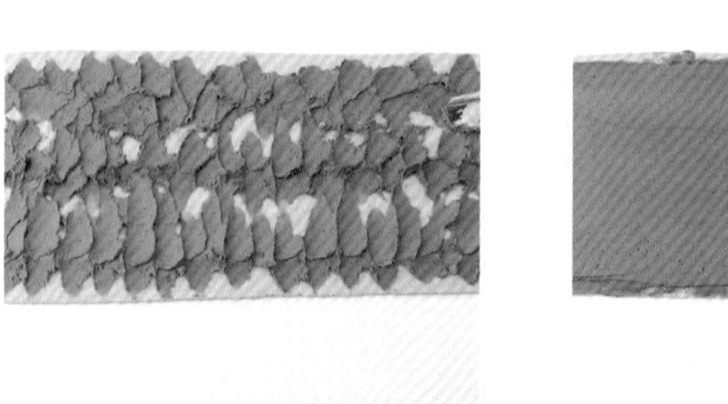

16.

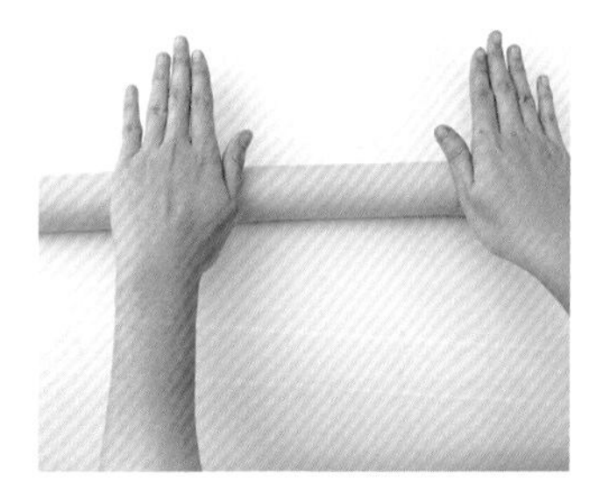

17.　　18.

14. 將麵團擀開、至長 60 公分，寬 25 公分，厚度 0.3 公分。

15. 擠花袋剪一個小洞，並且在擀平的麵皮，上、中、下均勻的擠上三條肉桂餡。

TIP 擠肉桂餡時，在麵皮的上下兩端，要預留大約 2 公分的距離，而三條餡料的間距也儘量保持一致。

16. 抹平時用抹刀把三條餡料往左右抹開，直到肉桂餡佈滿整張麵皮，抹餡時儘量讓厚薄能更一致。

17. 將麵團從上方開始往靠近身體的地方慢慢捲起。

TIP 在捲的過程當中，要避免過於鬆散，但也不能捲得太緊實，以免在烘烤的過程中發生爆餡的情況。

18. 捲到最後，在桌面反覆滾動，將麵團捲起後搓長至 60-65 公分，把前端約 1 公分的地方切除，邊緣修整齊。

最後的收口處記得要朝下。

切割烘烤

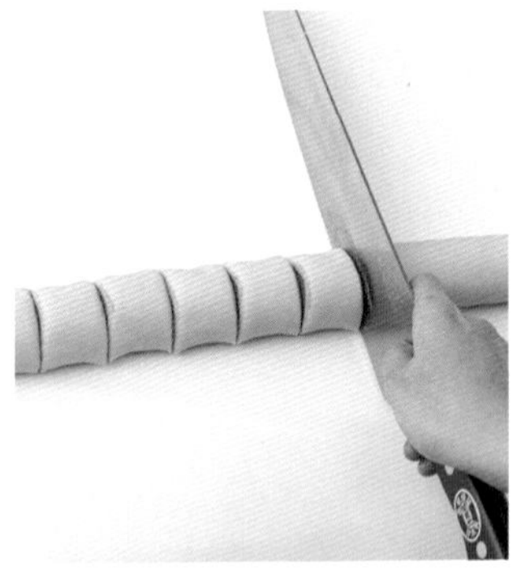

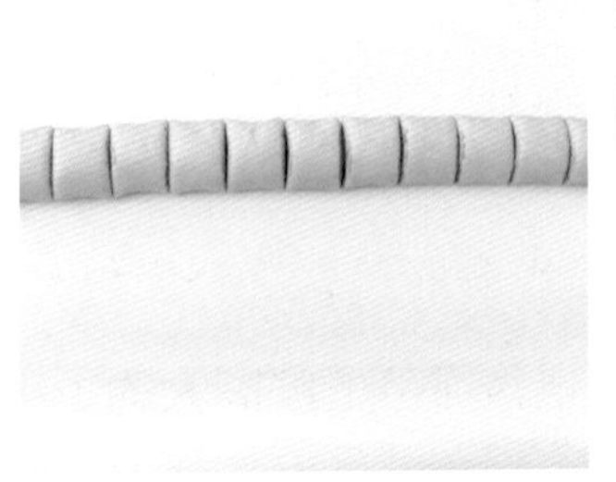

19.

20.

21.

22.

23.

24.

19. 將麵團切成每個寬度為 3 公分的小麵團，每個麵團重量大約 35-40 公克，大約可以切成 20 個。

20. 烤盤中排入直徑 8 公分、高 3 公分的紙模，先分別擠入 5 公克的黑糖蜜。
接著將 20 個切好的麵團一一放入，略微擠壓。

21. 進行最後發酵，最後發酵的時間大約 1 小時。

22. 放入已經預熱到上火 175°C，下火 165°C的烤箱中進行烘焙，時間大約 20-25 分鐘。

烤箱事先預熱可以讓麵團在穩定的溫度傳達到內部來進行熟化，這樣就不會出現內外熟度不均，或者表面出現燒焦的情況，所以確實做好事先預熱，讓失敗機率大大降低。

23. 肉桂捲烤好後，取出。

24. 再一一均勻的擠上適量的黑糖蜜即完成。

榛果醬肉桂捲

以小吐司的概念
製作榛果醬肉桂捲的外觀
奶油榛果醬與奶油肉桂餡的組合
當雙層的內餡結合在千層可頌麵團中
味道是如此的和諧

製作分量

18 個
【一個 40-45g】

麵團材料

高筋麵粉	200g
低筋麵粉	100g
細砂糖	20g
精鹽	6g
乾酵母	5g
牛奶	95g
純水	55g
奶油	30g
裹入奶油	100g

肉桂餡材料

奶油	80g
肉桂粉	7g
黑糖粉	60g
細砂糖	20g

使用模具

長 13 公分
寬 6 公分
高 4 公分的鐵模 6 個

榛果餡材料

榛果粉	50g
奶油	25g
蛋黃	1顆（約20g）
低筋麵粉	3g
無糖榛果醬	20g

將榛果粉、奶油、蛋黃、低筋麵粉、無糖榛果醬拌均勻，攪拌至微打發即完成。

麵團攪拌

01.

02.

03.

04.

05.

Directions

工法步驟

麵團攪拌

01. 攪拌盆中先放入乾性材料，包括在製作前就已經預先秤好的高筋麵粉、低筋麵粉、精鹽、乾酵母。

02. 再倒入濕性材料牛奶、純水，這時攪拌機要裝入鉤狀攪拌棒。

TIP 使用鉤狀攪拌棒，因阻力較大，所以能夠很快速的和成麵團，製作有筋度的麵包麵團用這種最適合。

03. 開始時先以低速，〈或是 1 速〉進行攪拌，攪拌時間大約 3 分鐘，讓麵團慢慢的成團。

TIP 此時不能使用中速，以免鋼盆摩擦生熱，而導致麵團迅速升溫，這樣就會影響麵團發酵。

04. 加入室溫奶油，改成 2 速攪拌約 6 分鐘。慢慢的讓麵團與奶油融為一體。

05. 表面從粗糙到逐漸變得光滑柔軟，原本沾黏的攪拌盆周圍也變得乾淨光亮。麵團因為產生了筋性，看起來帶有彈性和光澤感。

TIP 奶油不能太早加入，因為油脂不但會降低酵母的活性，還會抑制筋性的形成，導致攪拌時間變長，麵團溫度升高而難以發酵。

冷藏裏油

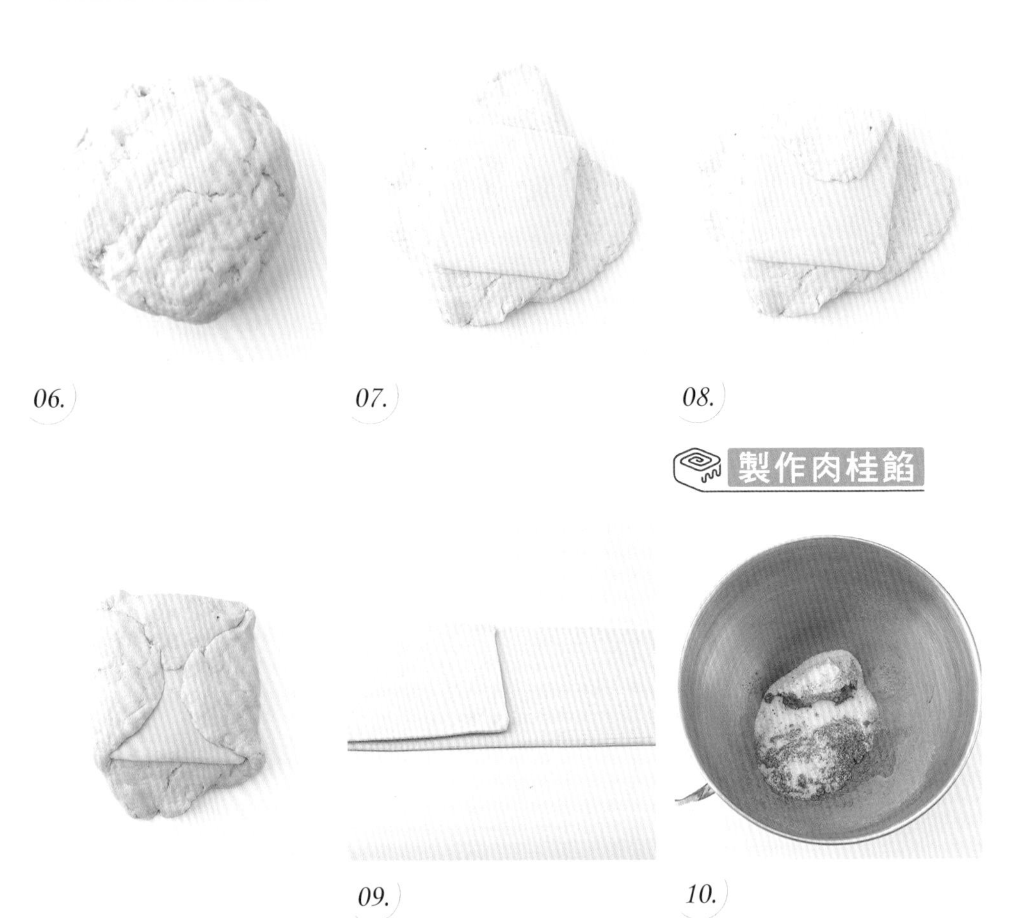

06.

07.

08.

製作肉桂餡

09.

10.

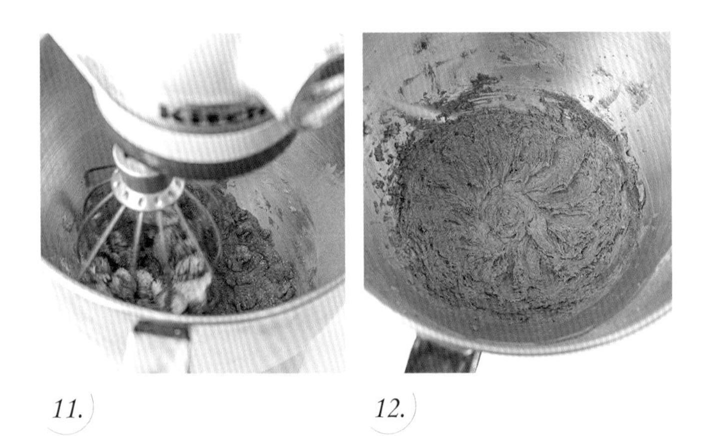

11.

12.

冷藏裹油

06. 放入塑膠袋中，放再入冰箱冷藏 1-2 小時，取出，放在工作台上。

07. 麵團進行整型，把麵團的中間厚度保留，然後四周圍往外擀成一個十字型，再把奶油塊包進去。

用擀麵棍從麵團中間往上下擀壓，讓空氣能順利排出。

08. 把四邊擀開的部分往回摺疊，把它做一個完整的包覆，再將麵團延壓至長 60 公分，寬 25 公分，厚度 0.5 公分。

09. 接著把麵團做 3 折疊，3 擀開，整型後做最後發酵 1 小時。

製作肉桂餡

10. 準備一個乾淨的攪拌鋼，將肉桂餡的材料奶油、肉桂粉、黑糖粉、細砂糖依序放入。

11. 把適合攪打油脂類的球狀攪拌棒裝入攪拌器中，先以慢速將材料混合打勻，將空氣攪打到食材裡，使其更加蓬鬆。

12. 直到微打發即完成，再將打好的肉桂餡裝入擠花袋中。

13.

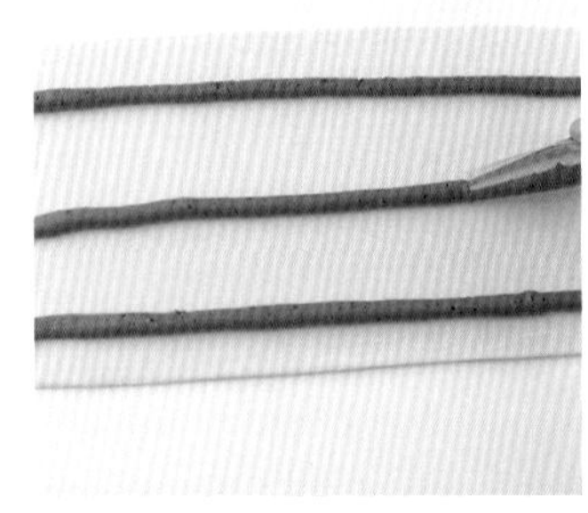

14.

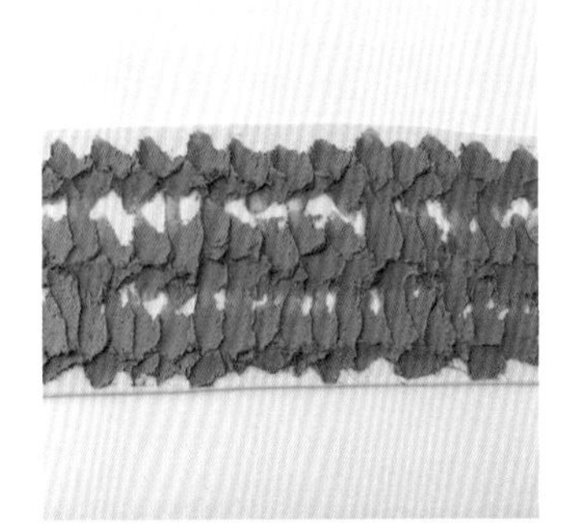

15.

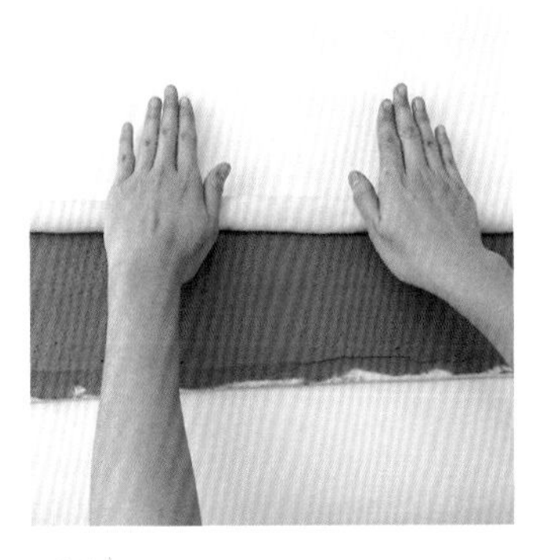

16

組　合

13. 將麵團擀開、至長 60 公分，寬 25 公分，厚度 0.3 公分。

14. 擠花袋剪一個小洞，並且在擀平的麵皮，上、中、下均勻的擠上三條肉桂餡。

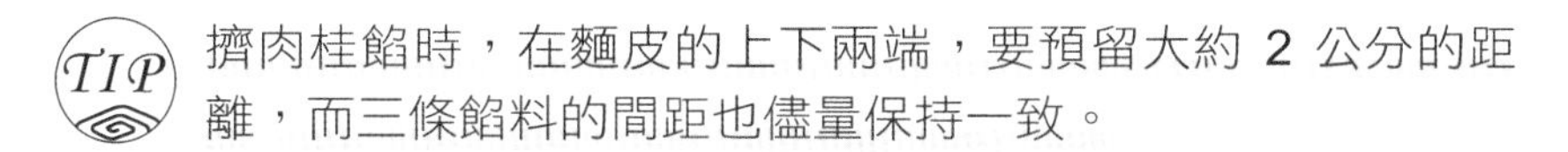

TIP 擠肉桂餡時，在麵皮的上下兩端，要預留大約 2 公分的距離，而三條餡料的間距也儘量保持一致。

15. 抹平時用抹刀把三條餡料往左右抹開，直到肉桂餡佈滿整張麵皮，抹餡時儘量讓厚薄能更一致，擠上榛果餡。

16. 將麵團從上方開始往靠近身體的地方慢慢捲起。捲到最後，在桌面反覆滾動，將麵團捲起後搓長至 60-65 公分，把前端約 1 公分的地方切除，邊緣修整齊。

TIP 在捲的過程當中，要避免過於鬆散，但也不能捲得太緊實，以免在烘烤的過程中發生爆餡的情況。

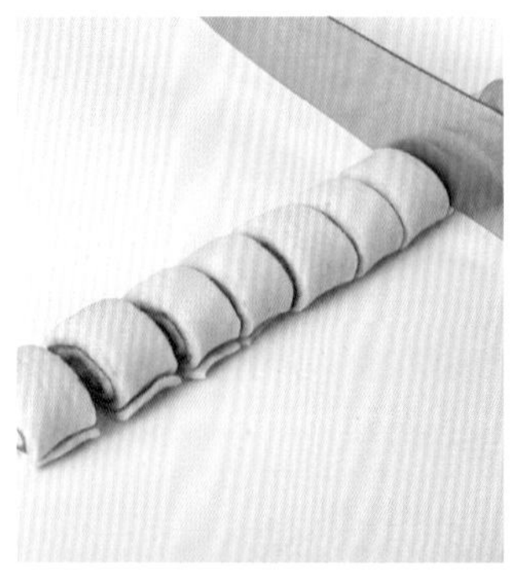

18.

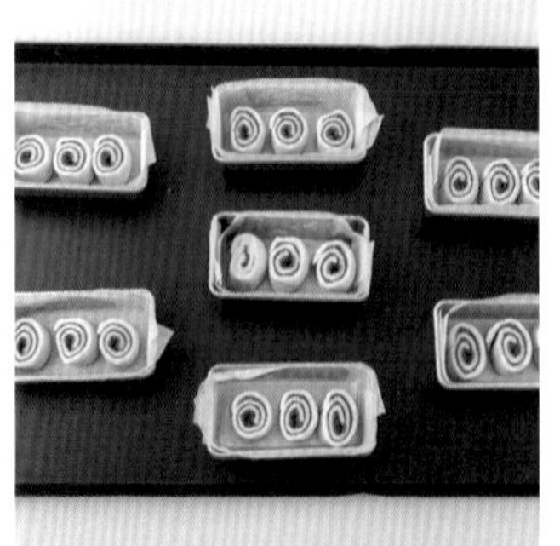

19.

20.

21.

22.

23.

切割烘烤

18. 接著以 3.5 公分為一等份切 18 個，每個麵團重量約 40-45 公克。

19. 再放入 3 個麵團在長 13 公分、寬 6 公分、高 4 公分的鐵模中，每一模的麵團總重量約 120-135 公克，即可進行最後發酵。

20. 將無糖榛果醬的榛果粉、奶油、蛋黃、低筋麵粉拌均勻，攪拌至微打發，並且適量的擠在最後發酵完成的肉桂捲表面。

21. 以上火 185 度，下火 175 度烘焙，烘焙時間 25-30 分鐘。

烤箱事先預熱可以讓麵團在穩定的溫度傳達到內部來進行熟化，這樣就不會出現內外熟度不均，或者表面出現燒焦的情況，所以確實做好事先預熱，讓失敗機率大大降低。

22. 烘焙完成後取出、脫模。

23. 放涼後撒上糖粉即完成。

開心果肉桂捲

開心果是我最愛的堅果
當然我得嘗試將開心果與肉桂捲結合
製作出一道符合我個人理想的肉桂捲口味
使用千層可頌麵糰製作
將兩種餡完美組合
不論是麵包酥脆的口感與內餡的香氣，都讓我非常滿意

製作分量

18 個
【一個 40-45g】

麵團材料

高筋麵粉	200g
低筋麵粉	100g
細砂糖	20g
精鹽	6g
乾酵母	5g
牛奶	95g
純水	55g
奶油	30g
裹入奶油	100g

肉桂餡材料

奶油	80g
肉桂粉	7g
黑糖粉	60g
細砂糖	20g

使用模具

長 13 公分
寬 6 公分
高 4 公分的鐵模 6 個。

開心果餡材料

開心果粉	50g
奶油	25g
蛋黃 1 顆（約 20g）	
低筋麵粉	3g
開心果醬	20g

麵團攪拌

01.

02.

03

04.

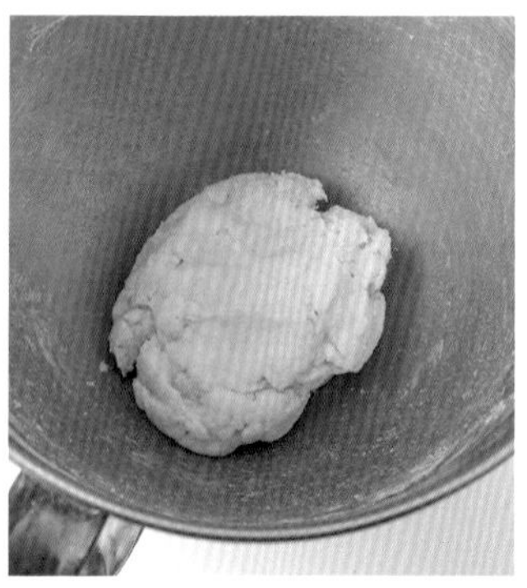

05.

Directions

工法步驟

麵團攪拌

01. 攪拌盆中先放入乾性材料，包括在製作前就已經預先秤好的高筋麵粉、低筋麵粉、精鹽、黑糖粉、乾酵母。

02. 再倒入濕性材料牛奶、純水，這時攪拌機要裝入鉤狀攪拌棒。

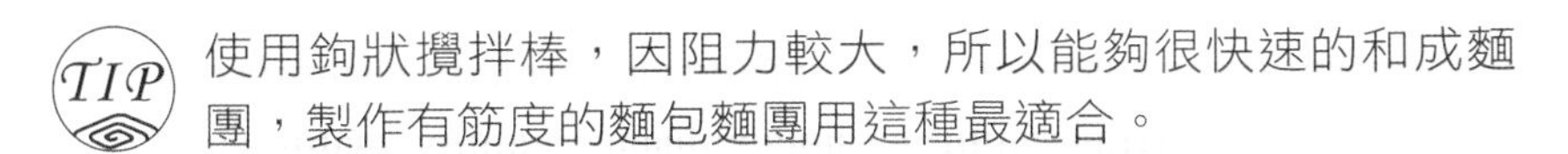

TIP 使用鉤狀攪拌棒，因阻力較大，所以能夠很快速的和成麵團，製作有筋度的麵包麵團用這種最適合。

03. 開始時先以低速，〈或是 1 速〉進行攪拌，攪拌時間大約 3 分鐘，讓麵團慢慢的成團。

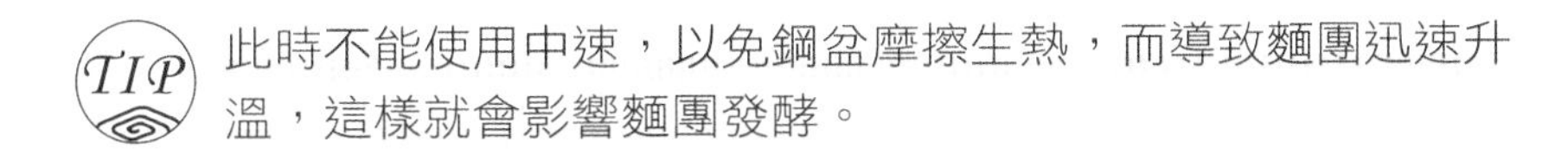

TIP 此時不能使用中速，以免鋼盆摩擦生熱，而導致麵團迅速升溫，這樣就會影響麵團發酵。

04. 加入室溫奶油，改成 2 速攪拌約 6 分鐘。慢慢的讓麵團與奶油融為一體。

05. 表面從粗糙到逐漸變得光滑柔軟，原本沾黏的攪拌盆周圍也變得乾淨光亮。麵團因為產生了筋性，看起來帶有彈性和光澤感。

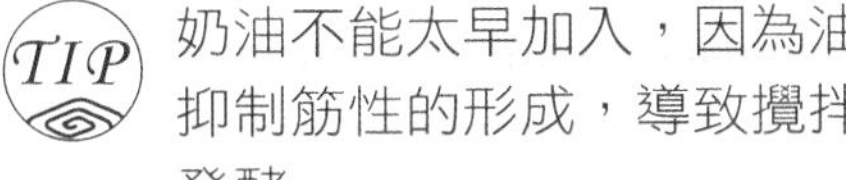

TIP 奶油不能太早加入，因為油脂不但會降低酵母的活性，還會抑制筋性的形成，導致攪拌時間變長，麵團溫度升高而難以發酵。

冷藏裹油

06.

07.

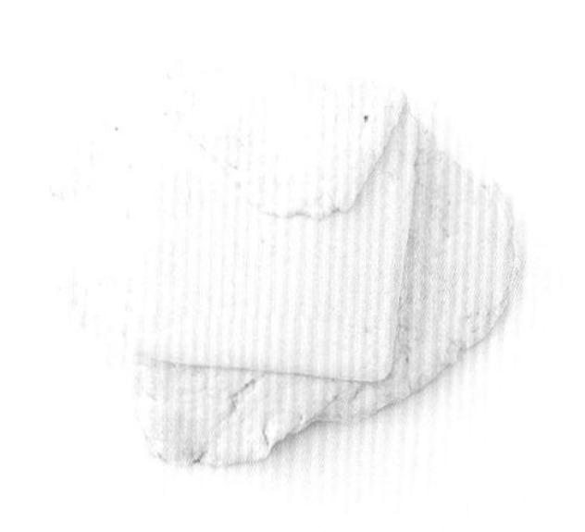

08.

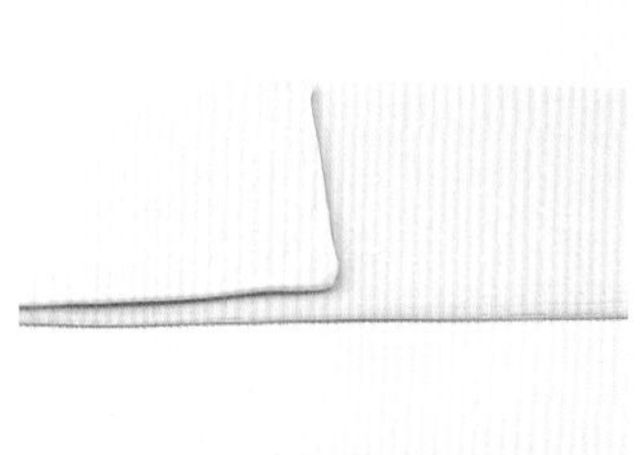

09.

製作肉桂餡

10.

11.

12.

冷藏裹油

06. 放入塑膠袋中，再放入冰箱冷藏 1-2 小時，取出，放在工作台上。

07. 麵團進行整型，把麵團的中間厚度保留，然後四周圍往外擀成一個十字型，再把奶油塊包進去。

08. 把四邊擀開的部分往回摺疊，把它做一個完整的包覆，再將麵團延壓至長 60 公分，寬 25 公分，厚度 0.5 公分。

09. 接著把麵團做 3 折疊，3 擀開，整型後做最後發酵 1 小時。

製作肉桂餡

10. 準備一個乾淨的攪拌鋼，將肉桂餡的材料奶油、肉桂粉、黑糖粉、細砂糖依序放入。

11. 把適合攪打油脂類的球狀攪拌棒裝入攪拌器中，先以慢速將材料混合打勻，將空氣攪打到食材裡，使其更加蓬鬆。

12. 直到微打發即完成，再將打好的肉桂餡裝入擠花袋中。

製作開心果餡

13.

14.

15.

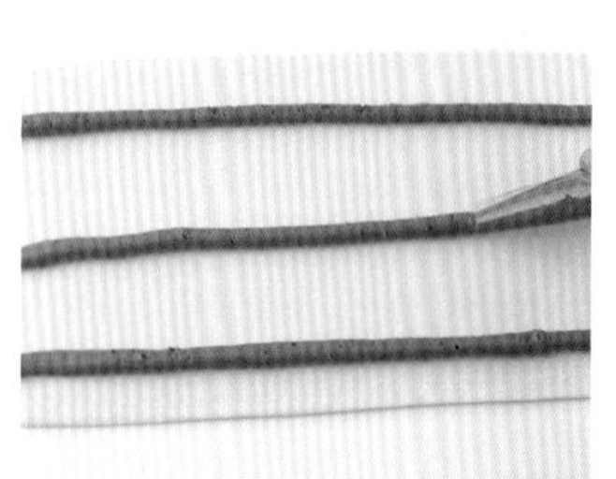

16.

17.

18.

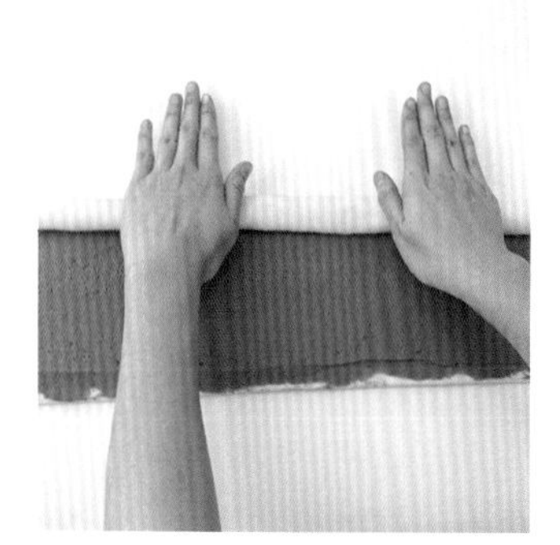

19.

製作開心果餡

13. 攪拌鋼中放入開心果餡材料，包括開心果粉、奶油、蛋黃、低筋麵粉、開心果醬。

14. 一起拌均匀，攪拌到微打發即可。

組　　合

15. 將麵團擀開、至長 60 公分，寬 25 公分，厚度 0.3 公分。

16. 擠花袋剪一個小洞，並且在擀平的麵皮，上、中、下均匀的擠上三條肉桂餡。

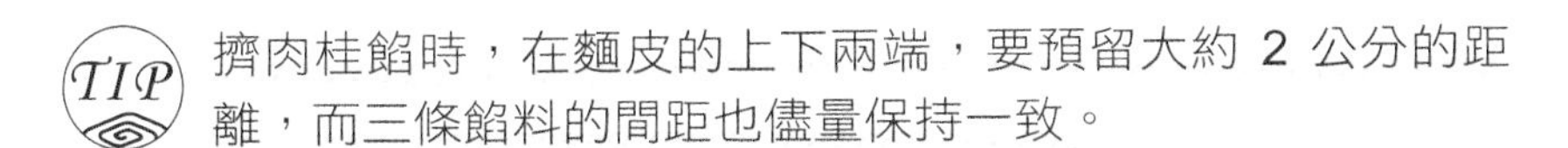

TIP 擠肉桂餡時，在麵皮的上下兩端，要預留大約 2 公分的距離，而三條餡料的間距也儘量保持一致。

17. 抹平時用抹刀把三條餡料往左右抹開。

18. 直到肉桂餡佈滿整張麵皮，抹餡時儘量讓厚薄能更一致，並在麵團前端擠上一條開心果餡。

19. 將麵團從上方開始往靠近身體的地方慢慢捲起。捲到最後，在桌面反覆滾動，將麵團捲起後搓長至 60-65 公分，把前端約 1 公分的地方切除，邊緣修整齊。

TIP 在捲的過程當中，要避免過於鬆散，但也不能捲得太緊實，以免在烘烤的過程中發生爆餡的情況。

切割烘烤

20.

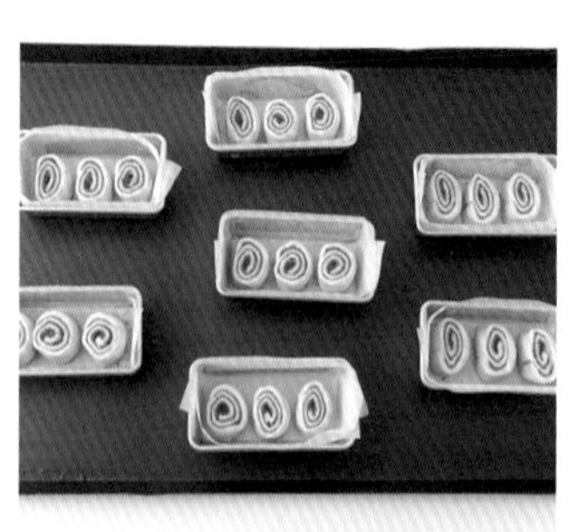
21.

22.

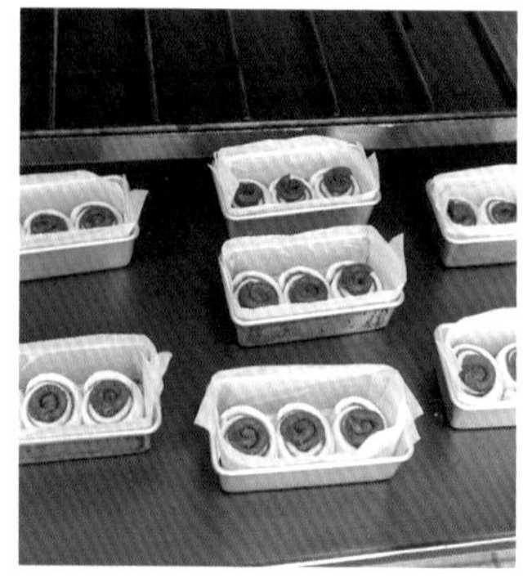
23.

切割烘烤

20. 接著以 3.5 公分為一等份切 18 個，每個麵團重量約 40-45 公克。

21. 再放入 3 個麵團在長 13 公分、寬 6 公分、高 4 公分的鐵模中，每一模的麵團總重量約 120-135 公克，即可進行最後發酵。

22. 在最後發酵完成的肉桂捲表面擠上開心果餡，放入烤箱。

23. 烤箱要事先預熱，以上火 185 度，下火 175 度烘焙，烘焙時間 25-30 分鐘。烘焙完成後取出、脫模。放涼後撒上糖粉，放入適量的開心果碎即完成。

關於製作肉桂捲的 Q&A

製作肉桂捲要選哪一種肉桂粉比較好？無鹽奶油還是有鹽奶油？
攪拌麵團時的攪拌程度該如何判斷？發酵時溫度與溼度要如何掌握？
所有在製作肉桂捲時會有的疑問，
在這裡都可以獲得最完整的解答。

肉桂粉該怎麼選擇？

一般使用的肉桂粉分為中國肉桂(玉桂)與錫蘭肉桂。可自行選擇喜愛的口味。中國肉桂的外觀顏色偏深紅棕色，有微辣感，風味較為強烈。而錫蘭肉桂的外觀顏為淺褐色，帶有花香氣息，風味較為細緻悠長。

製作麵團的麵粉要選用哪一種較合適？

麵粉是由小麥所製成，主要的原料是蛋白質、澱粉、少許礦物質，是製作麵包不可缺少的重要材料。麵粉中的蛋白質含量，決定麵包體積的大小與麵團吸水性，蛋白質高的麵粉麵筋擴展良好、口感 Q 彈有嚼勁，因此最適合用來製作麵包。本書所使用麵粉是以高筋麵粉來進行製作，不過有部分食譜搭配了中筋麵粉，是為了讓做出來的麵包更加鬆軟，組織也更為綿密。可依照個人喜好來調整麵糰的柔軟度加以調配。至於低筋麵粉，則不建議使用。

攪拌麵團時要攪拌到什麼程度為宜？

攪拌至麵糰光滑可擴展，可輕易拉開薄膜為宜。麵團若攪拌不足則影響後續整形製作與烘焙後麵包口感。那麼如何簡單判斷麵團已攪拌完成？

攪拌麵團的時候，可以不時的取出麵團來測試是否有薄膜，拉起來有點彈性、稍微透光的感覺就可以了。如果攪拌過度，容易造成麵筋失去彈性垮垮水水的。如果出現麵團太軟無法攪拌成團時，可以先拿刮板將鋼盆內的麵團刮下集中，靜置約 10 分鐘後再開啟機器。

靜置後的麵團會漸漸有彈性，就不會有太軟無法成團的問題。若是無法將麵團拉開，那就代表麵團的筋度還不夠，要攪拌到有膜的狀態才可以。如果是用機器攪到出筋、產生薄膜出現代表彈性夠了。

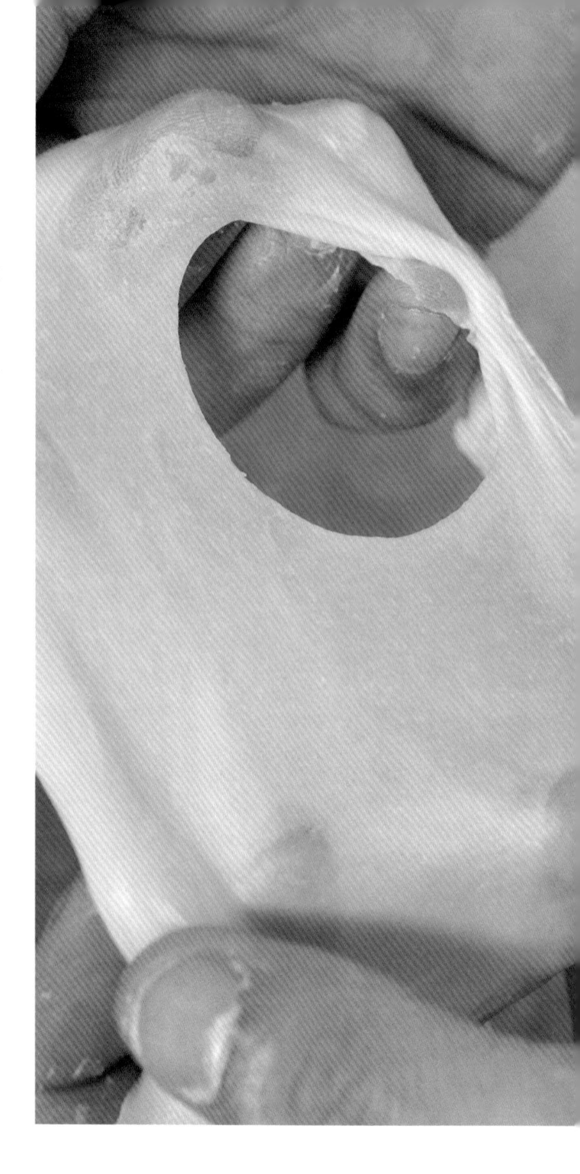

發酵麵團時溫度與溼度需多少為宜？

所需要的溫度，大約 30 度至 35 度之間。發酵溫度過高會造成肉桂餡的奶油部份融化。而溼度，則在 60%至75%之間。值得注意的是，如果濕度過高會造成麵糰癱軟，烤焙時較不易膨脹，要特別注意。

家中若無專業發酵箱，麵團發酵時溫度與溼度該如何調整？

製作時，所有的麵糰在進行發酵過程，可以將麵糰蓋上微濕棉布，棉布需要不滴水的情況，然後再放入櫥櫃中進行發酵即可。

肉桂餡的奶油要怎麼選購？

油脂具有提升營養價值、延緩麵包老化、避免水分蒸發的作用。所以有了油脂的輔助，烤出來的麵包外層表皮才會薄而柔軟、內部氣泡均勻細緻有光澤，而且比較不容易乾掉、變硬。在製作過程中，油脂也能擔任麵團的潤滑劑，增加延展性，讓麵包可以順利膨脹、變大，製作時會建議使用無鹽奶油或無鹽發酵奶油，比較不建議使用有鹽奶油或人造奶油。

肉桂餡的黑糖要選用粉末狀還是顆粒狀？

我會建議使用粉末狀的黑糖粉，這樣在攪拌肉桂餡時會更容易混合。至於顆粒狀黑糖粒，在製作肉桂餡時不易混合，會嚴重影響口感，因此不建議使用。

攪拌肉桂餡時的打發程度該如何判斷？

在製作肉桂餡時，奶油部份需室溫軟化，這樣在操作上才有利肉桂餡的拌合。在打發過程中，如果打發不足的話，肉桂餡過於硬，抹餡時不易抹開。而打發得適當，肉桂餡會呈現軟硬適中，在抹餡時也比較容易抹開。但如果打發過度，肉桂餡會蓬鬆柔軟，烘焙時的融化速度過快，容易造成肉桂餡奶油沸騰，出現溢餡狀況。

製作完的肉桂餡需要冷藏嗎？

肉桂餡製作完成後，可立即使用。若放入冷藏或冷凍的話，會造成肉桂餡過硬，造成不利於抹開，所以如果不事前製作的肉桂餡則必須等其完全退冰後再使用。

肉桂捲整形捲起時的圈數以多少圈為宜？

大致上以 5 至 7 圈為宜。如果圈數不足，經過烘焙後，肉桂餡會形成的空洞會較大、麵包較厚；圈數過多的話，烘焙後肉桂捲麵包的中心，膨脹高度會隆起高一些。

肉桂捲整形後進行分切時，要如何切得更平整？

要切得平整，肉桂捲就不能過於柔軟。所以如果整形後的肉桂捲太過於柔軟，可以先將肉桂捲放入冰箱冷藏或冷凍一下，等到硬度適當，再進行分切，這樣切口界會較為平整美觀。

購買白乳酪奶油霜的乳酪，該怎麼選擇？

我會建議使用軟質的奶油乳酪（Cream Cheese）或白乳酪。如果是硬質的乳酪則不建議使用。

製作檸檬糖霜的檸檬汁要選用哪一種較為合適？

建議使用新鮮的檸檬汁，如果剛好是檸檬產季，會建議自己榨汁比較好，不建議使用濃縮的檸檬汁。

肉桂捲的模具該怎麼選擇？

需謹慎選用適合麵糰重量大小的模具，模具太大，烘焙後會造成肉桂捲較為扁平或變形；而模具太小，烘焙後會造成肉桂捲中心集中隆起，肉桂餡也容易向外溢漏。

家中若無專業烤箱，麵團烘焙時的溫度該如何調整？

使用家用烤箱，建議烤箱均溫保持 180 度烤焙，過程中勿隨意打開爐門，避免爐溫流失，造成肉桂捲烘焙受熱不均勻。

肉桂捲出爐後為什麼會凹凸不平？

因為整型時麵團厚度與肉桂餡厚度不平均。

麵團：整形擀開麵糰時，以長方形或正方形為宜，麵團厚度需保持一致，約 0.2 至 0.4 公分厚。

肉桂餡：抹上肉桂餡時，餡的厚度需保持一致，約 0.1 至 0.2 公分厚。

台灣廣廈國際出版集團
Taiwan Mansion International Group

國家圖書館出版品預行編目（CIP）資料

肉桂捲技法全圖解：零基礎也學得會！從選料、調餡、擀捲到烘烤，掌握味道口感打造專屬你的大人味！/彭浩著. -- 新北市：臺灣廣廈有聲圖書有限公司, 2022.11
面；　公分
ISBN 978-986-130-561-5(平裝)

1.CST: 點心食譜 2.CST: 麵包

427.16　　　　111015455

肉桂捲技法全圖解

零基礎也學得會！從選料、調餡、擀捲到烘烤，掌握味道口感打造專屬你的大人味！

作　　者／彭浩
攝　　影／璞真奕睿影像
封面設計／張家綺
版型設計／林伽仔
編輯中心編輯長／張秀環
內頁排版／菩薩蠻數位文化有限公司
製版・印刷・裝訂／東豪・弼聖・秉成

行企研發中心／陳冠蒨
媒體公關組／陳柔彣
綜合業務組／何欣穎
線上學習中心總監／陳冠蒨
數位營運組／顏佑婷
企製開發組／江季珊、張哲剛

發 行 人／江媛珍
法律顧問／第一國際法律事務所 余淑杏律師・北辰著作權事務所 蕭雄淋律師
出　　版／台灣廣廈
發　　行／台灣廣廈有聲圖書有限公司
地址：新北市235中和區中山路二段359巷7號2樓
電話：（886）2-2225-5777・傳真：（886）2-2225-8052

代理印務・全球總經銷／知遠文化事業有限公司
地址：新北市222深坑區北深路三段155巷25號5樓
電話：（886）2-2664-8800・傳真：（886）2-2664-8801
郵政劃撥／劃撥帳號：18836722
劃撥戶名：知遠文化事業有限公司（※單次購書金額未達1000元，請另付70元郵資。）

■出版日期：2022年11月
ISBN：978-986-130-561-5
■初版3刷：2023年12月